果树施肥技术手册

陈敬谊　主编

化学工业出版社
·北京·

图书在版编目（CIP）数据

果树施肥技术手册/陈敬谊主编. —北京：化学工业出版社，2018.11（2024.2重印）

ISBN 978-7-122-32946-2

Ⅰ. ①果… Ⅱ. ①陈… Ⅲ. ①果树-施肥-技术手册 Ⅳ. ①S660.6-62

中国版本图书馆 CIP 数据核字（2018）第 200904 号

责任编辑：邵桂林　　装帧设计：韩　飞

责任校对：宋　夏

出版发行：化学工业出版社

（北京市东城区青年湖南街13号　邮政编码100011）

印　　装：涿州市般润文化传播有限公司

787mm×1092mm　1/32　印张9　字数82千字

2024年2月北京第1版第7次印刷

购书咨询：010-64518888　　售后服务：010-64518899

网　　址：http://www.cip.com.cn

凡购买本书，如有缺损质量问题，本社销售中心负责调换。

定　　价：38.00元　**版权所有　违者必究**

编写人员名单

主　　编　陈敬谊

副 主 编　郭卫东

编写人员　陈敬谊　程福厚

董印丽　贾永祥

赵志军　柳焕章

郭卫东　王明军

前言

PREFACE

果树种植是农民创收、致富的重要途径之一，优质丰产是果树栽培的目的。果树在生长中需要多种营养元素，而施肥是补充营养的重要措施，科学合理的施肥能够为果树各时期生长所需营养提供保障。科学掌握果树施肥时期、肥料种类、施肥量等施肥技术，是提高果树产量和果品质量的重要措施。生产中由于果树施肥不当，常造成果树生长势弱、产量低、果品质量差，经济效益低。

为了在果树生产中更好地推广和应用果树科学施肥技术，笔者结合多年教学、科研、生产实践经验，编写了《果树施肥技术手册》一书。本书详细讲解了果树施肥技术，力图做到先进、科学、实用，便于读者掌握，为果树优质丰产打基础。

本书包括果树营养需要与特点、果树施肥原理与技术、果树生产常用肥料、果树土壤改良培肥与管理、不同果树施肥技术等内容。全书内容实用，文字简练，通俗易懂，适合果树技术人员、果农及相关从业人员使用。

由于笔者水平有限，加之时间仓促，疏漏和不妥之处在所难免，敬请广大读者批评指正。

编　者

2018年10月

目录
CONTENTS

第一章　果树营养需要与特点 ……………… 1

第一节　果树生长需要的营养元素及其生理功能 ……………… 3

一、果树正常生长需要的营养元素 ……………… 3

二、各种营养元素对果树的生理作用 ……………… 5

第二节　果树根系对养分的吸收与利用特点 ……………… 16

一、根系结构与分布 ……………… 17

二、根系的功能 ……………… 23

三、根系的生长特点……………………26
第三节　果树不同生命周期的营养
吸收特点……………………36
一、地上部养分吸收的年周期
变化……………………36
二、年周期内树体各器官的养分
分配规律……………………37
三、果树对营养的吸收特点……………39
第四节　果树营养失调症……………40
一、苹果树常见缺素症及其矫治……40
二、梨树缺素症状及矫治……………45
三、桃树缺素症及其防治……………60
四、核桃缺素症……………………73
五、葡萄缺素症的调整………………78
第五节　果树生长对环境条件的
要求……………………80
一、温度……………………80
二、光照……………………87
三、水分……………………91
四、土壤……………………96

第二章　果树施肥原理与技术……………101
第一节　果树施肥原则………………………103
一、根据不同树龄的果树生理
特点和营养要求施肥……………103
二、根据树体营养和果实营养
要求施肥……………………………104
三、考虑繁殖方式（包括砧、
穗组合）与营养的关系…………105
四、根据多年生果树的储藏营
养特性施肥…………………………106
五、菌根影响果树养分吸收…………106
第二节　施肥量的确定………………………107
一、理论施肥量……………………………107
二、果树施肥量的确定…………………108
第三节　施肥时期、方法……………………122
一、确定施肥时期的依据………………122
二、施肥时期………………………………124
三、施肥方法………………………………135
四、追肥……………………………………137

第三章　果树生产常用肥料……139
第一节　有机肥料……141
一、有机肥特点……141
二、种类……142
三、作用……142
第二节　化学肥料……147
一、氮肥……148
二、磷肥……149
三、钾肥……150
四、复合肥料……151
五、微量元素肥料……152
第三节　生物肥……152
一、生物肥概念……152
二、特点……153
三、种类……154
第四章　果树土壤改良培肥与管理……157
第一节　果园土壤管理技术……159
一、优质丰产果园对土壤的要求……159

二、不同类型土壤肥力的特点 ………162
第二节　果树土壤改良 ………………165
一、果园土壤改良方法 ………………165
二、果园不同土壤类型改良 …………168
三、幼龄果园土壤管理制度 …………173
四、成年果园土壤管理制度 …………177
五、果园土壤一般管理 ………………194

第五章　不同果树施肥技术 ……………201

第一节　苹果施肥技术要点 …………203
一、苹果施肥特点 ……………………203
二、苹果园施肥存在的问题及
提高肥效的方法 ……………………210
三、苹果科学施肥方法举例 …………212
第二节　梨树施肥 ……………………214
一、梨树需肥量 ………………………214
二、梨树施肥技术特点 ………………216
三、施肥时期 …………………………222
四、梨园施肥存在的问题及提高
肥效的方法 …………………………231

第三节　桃树施肥技术……233
一、施肥量……233
二、基肥……236
三、追肥……238
四、叶面喷肥……241
五、灌溉施肥……243
第四节　核桃施肥技术……244
一、基肥……244
二、追肥……246
三、根外追肥……250
第五节　葡萄施肥技术……252
一、基肥……252
二、追肥……253
第六节　枣树施肥……259
一、基肥……259
二、追肥……261
三、叶面喷肥……263
第七节　樱桃施肥……264
一、不同生长发育时期营养需要……264
二、施肥时期……265

三、施肥方法……267
四、不同树龄施肥技术……271
第八节　柿施肥……273
一、基肥……273
二、追肥……275
三、根外追肥……275

参考文献……276

第一章

果树营养需要与特点

第一节

果树生长需要的营养元素及其生理功能

一、果树正常生长需要的营养元素

在果树的整个生长期内所必需的营养元素共有16种，分别为碳（C）、氢（H）、氧（O）、氮（N）、磷（P）、钾（K）、钙（Ca）、镁（Mg）、硫（S）、铁（Fe）、锰（Mn）、锌（Zn）、铜（Cu）、钼（Mo）、硼（B）、氯（Cl）。这16种必需的营养元素根据果树吸收和利用的多少，又可分为大量营养元素、中量营养元素、微量营养元素。

1. 大量营养元素

它们在植物体内含量为植物干重的百分之几以上，包括碳（C）、氢（H）、氧（O）、氮（N）、磷（P）、钾（K），共6种。

2. 中量营养元素

有钙（Ca）、镁（Mg）、硫（S）3种，它们在植物体内含量为植物干重的千分之几。

3. 微量营养元素

有铁（Fe）、锰（Mn）、锌（Zn）、铜（Cu）、钼（Mo）、硼（B）、氯（Cl），共7种。它们在植物体内含量很少，一般只有只占干重的万分之几到千分之几。

通过多年的科学研究证明，上述16种营养元素是所有果树在正常生长和结果过程中所必需的。每种营养元素都有独特的作用，尽管果树对不同的营养元素吸收量有多有少，但缺一不可，不可相互替代，同时各种元素之间互相联系，相互制约，缺少任何一种营养成分会造成其他营养的吸收困难，造成果树缺素和肥料浪费。

二、各种营养元素对果树的生理作用

1. 大量元素对果树的生理作用

（1）氢（H）元素和氧（O）元素　这两种元素必须化合在一起形成水才能对果树起到营养作用。水是果树最重要的营养肥料，吸收和利用最多。水的作用有以下几个方面：

① 光合作用的原料；

② 果实和树体最重要的组成

成分；

③ 蒸腾降温；

④ 运送营养的载体；

⑤ 参与各种代谢活动。

（2）碳（C）元素　是光合作用的原料，和水结合后在太阳光能的作用下，在果树叶片内形成葡萄糖，然后转化为各种营养成分，如蛋白质，维生素、纤维素等。

（3）氮（N）元素　氮是果树的主要营养元素，含量百分之几或更高，同时也是原始土壤中不存在，但影响果树生长和形成产量的最重要的元素之一。

① 氮是植物体内蛋白质、核酸以及叶绿素的重要组成部分，也是植物体内多种酶的组成部分。同时植物体内的一些维生素和生物碱中都含有氮。

② 氮素在植物体内一般集中

于生命活动最活跃的部分（新叶、新枝、花、果实），能促进枝叶浓绿，生长旺盛。氮素供应的充分与否和植物氮素营养的好坏，在很大程度上影响着植物的生长发育状况。果树发育的早期阶段，氮素需要多，在这些阶段保证正常的氮营养，能促进生育、增加产量。

③ 果树具有吸收同化无机氮化物的能力。除存在于土壤中的少量可溶性含氮有机物，如尿素、氨基酸、酰胺等外，果树从土壤中吸收的氮素主要是铵盐和硝酸盐，即铵态氮和硝态氮。

④ 果树对氮素的吸收，在很大程度上依赖于光合作用的强度，施氮肥的效果往往在晴天较好，因为吸收快。

⑤ 氮素缺乏时植株生长停顿，老叶片黄化脱落。但施用过量，容

易徒长，妨碍花芽形成和开花。

（4）磷（P）元素

① 磷在果树中的含量仅次于氮和钾，对果树营养有重要的作用。

② 磷在果树内参与光合作用、呼吸作用、能量储存和传递、细胞分裂、细胞增大等过程。

③ 磷能促进早期根系的形成和生长，提高果树适应外界环境的能力，有助于果树耐过冬天的严寒。

④ 磷能提高果实的品质。

⑤ 磷有助于增强果树的抗病性。

⑥ 磷有促熟作用，对果实品质很重要。

（5）钾（K）元素　钾是果树的主要营养元素，也是土壤中常因供应不足而影响果实产量的三要素之一。钾对果树的生长发育也有重要作用，但它不像氮、磷一样直接参与构成生物大分子。它的主要作用是在适量的钾存在时，植物的酶才能充分发挥作用。

① 钾能够促进光合作用。有资料表明含钾高的叶片比含钾低的叶片多转化光50% ~ 70%。在光照不好的条件下，钾肥的效果更显著。钾还能够促进碳水化合物和氮素的代谢，使果树有效利用水分和提高果树的抗性。

② 钾能促进纤维素和木质素的合成，使树体粗壮。

③ 钾充足时，果树抗病能力增强。

④ 钾能提高果树对干旱、低温、盐害等不良环境的耐受力。

⑤ 土壤缺钾时，首先从老叶的尖端和边缘开始发黄，并渐次枯萎，叶面出现小斑点，进而干枯或呈焦枯焦状，最后叶脉之间的叶肉

也干枯，并在叶面出现褐色斑点和斑块。

2. 中量元素对果树的生理作用

(1) 钙（Ca）元素

① 是构成植物细胞壁和细胞质膜的重要组成分，参与蛋白质的合成，还是某些酶的活化剂，能防止细胞液外渗。

② 提高耐储藏能力。

③ 抑制真菌侵袭，降低病害感染。

④ 钙能降低土壤中某些离子的毒害。

⑤ 果树缺钙时，树体矮小，根系发育不良，茎和叶及根尖的分生组织受损。严重缺钙时，幼叶卷曲，新叶抽出困难，叶尖之间发生粘连现象，叶尖和叶缘发黄或焦枯

坏死，根尖细胞腐烂死亡。

（2）镁（Mg）元素　镁是叶绿素的重要组成部分，是各种酶的基本要素，参与果树的新陈代谢过程。镁供应不足，叶绿素难以生成，叶片就会失去绿色而变黄，光合作用就不会进行，果实产量会减少。

果树缺镁时的症状首先表现在老叶上。开始时叶的尖端和叶缘的脉尖色泽褪淡，由淡绿变黄再变紫，随后向叶基部和中央扩展，但叶脉仍保持绿色，在叶片上形成清晰的网状脉纹；严重时叶片枯萎、脱落。

（3）硫（S）元素　硫是蛋白质的组成成分。缺硫时蛋白质形成受阻；在一些酶中也含有硫，如脂肪酶、脲酶都是含硫的酶；硫参与果树体内的氧化还原过程；硫对叶绿素的形成有一定的影响。

果树缺硫时的症状与缺氮时的

症状相似，变黄比较明显。一般症状是树体矮小，叶细小，叶片向上卷曲，变硬易碎，提早脱落，开花迟，结果、结荚少。

3. 微量元素

（1）铁（Fe）元素

① 铁是形成叶绿素所必需的，缺铁时产生缺绿症，叶片呈淡黄色，甚至为白色。

② 铁参加细胞的呼吸作用，在细胞呼吸过程中它是一些酶的成分。

③ 铁在果树树体中流动性很小，老叶中的铁不能向新生组织中转移，不能被再度利用。因此缺铁时，下部叶片常能保持绿色，而嫩叶上呈现失绿症。

（2）锰（Mn）元素

① 锰是多种酶的成分和活化剂，能促进碳水化合物的代谢和氮

的代谢，与果树生长发育和产量有密切关系。

② 锰与绿色植物的光合作用、呼吸作用以及硝酸还原作用都有密切的关系。缺锰时，植物光合作用明显受抑制。

③ 锰能加速种子萌发和成熟，增加磷和钙的有效性。

④ 缺锰症状　缺锰症状首先出现在幼叶上，表现为叶脉间黄化，有时出现一系列的黑褐色斑点。

（3）锌（Zn）元素

① 锌提高植物光合速率。

② 锌可以促进氮的代谢，是影响蛋白质合成最为突出的微量元素。

③ 锌能提高果树抗病能力。

④ 缺锌症状：叶片失绿外，在枝条尖端常出现小叶和簇生现象，称为“小叶病”。严重时枝条死亡，果实产量下降。

（4）铜（Cu）元素

① 铜是作物体内多种氧化酶的组成成分，在氧化还原反应中铜有重要作用。

② 参与植物的呼吸作用，影响果树对铁的利用。在叶绿体中含有较多的铜，铜与叶绿素形成有关。铜还具有提高叶绿素稳定性的能力，避免叶绿素过早遭受破坏，有利于叶片更好地进行光合作用。

③ 增强果树的光合作用。

④ 有利于果树的生长和发育。

⑤ 增强抗病能力（波尔多夜）。

⑥ 提高果树的抗旱和抗寒能力。

⑦ 缺铜症状　缺铜时叶绿素减少，叶片出现失绿现象，幼叶的叶尖因缺绿而黄化并干枯，最后叶片脱落。缺铜也会使繁殖器官的发育受到破坏。

（5）钼（Mo）

① 促进生物固氮。

② 促进氮素代谢。

③ 增强光合作用。

④ 有利于糖类的形成与转化。

⑤ 增强抗旱、抗寒、抗病能力。

⑥ 促进根系发育。

⑦ 缺钼症状　果树矮小，生长受抑制，叶片失绿、枯萎以致坏死。

（6）硼（B）元素

① 促进花粉萌发和花粉管生长，提高坐果率和促进果实正常发育。

② 硼能促进碳水化合物的正常运转和蛋白质代谢。

③ 增强果树抗逆性。

④ 有利于根系生长发育。

⑤ 缺硼症状　在植物体内含硼量最高的部位是花，缺硼常表现结果率低、果实畸形，果肉有木栓化或干枯现象。

（7）氯（Cl）元素

① 适当的氯能促进K^+和NH_4^+的吸收。

② 参与光合作用中水的光解反应，使光合磷酸化增强。

③ 对果树生长有促进作用。

第二节 果树根系对养分的吸收与利用特点

根系是果树赖以生存的基础，是果树的重要地下器官。根系的数量、粗度、质量、分布深浅、活动能力强弱，直接影响果树地上部的枝条生长、叶片大小、花芽分化、坐果、产量和品质。土壤的改良、松土、施肥、灌水等重要果树管理措施，都是为了给根系生长发育创造良好的条件，以增强根系生长和代谢活动、调节树体上下部平衡、协调生长，从而实现果树丰产、优质、高效的生产目的。

一、根系结构与分布

1. 根系结构

果树多采用嫁接栽培，栽培优良品种苗木，砧木为实生苗，根系为实生根系。果树的根系由主根、侧根和须根组成（图1-1）。无性繁殖的植株无主根。

（1）主根　由种子胚根发育而成。种子萌发时，胚根最先突破种皮，向下生长而形成的根就是主根。主根生长很快，一般垂直插入土壤，成为早期吸收水肥和固着的器官。

（2）侧根　是在主根上面着生

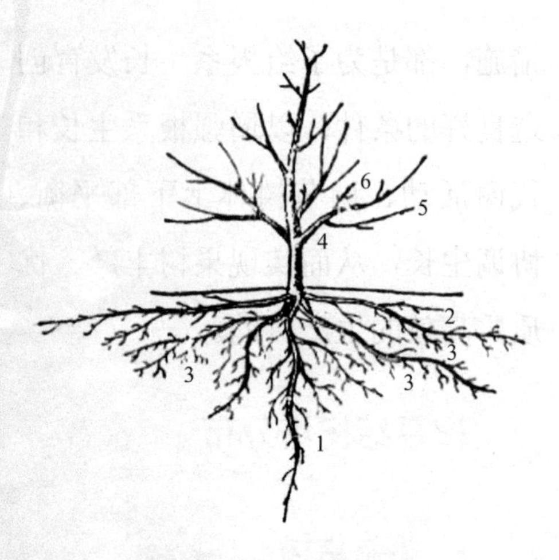

图1-1　果树根系结构图

1—主根；2—侧根；3—须根；4—主枝；
5—侧枝；6—枝组

的各级较粗大的水平分枝。侧根与主根有一定角度，沿地表方向生长。侧根与主根共同承担固着、吸收及储藏等功能。主根和侧根统称骨干根。

（3）须根　为在侧根上形成的较细（一般直径小于2.5毫米）的根系。苹果的须根为褐色或淡褐色。须根的先端为根毛，是直接从土壤中吸收水分和养分的器官。须根是根系的最活跃的部位。

须根按形态结构及功能分为以下五类（图1-2）：

① 生长根　在根系生长期间，须根上长出许多比着生部位还粗的白色、饱满的小根，为生长根。生长根的功能是促进根系向新土层推进，延长和扩大根系分布范围及形成侧分枝——吸收根。苹果的生长根的直径平均1.25毫米，长度在2～20厘米之间。

② 吸收根　比着生的须根细的是吸收根。其长度小于2厘米，寿命短，一般只有15～25天，在未形成次生组织之前就已死亡。苹果的吸收根平均直径为0.62毫米。吸收根的功能是从土壤中吸收水分和矿物质，并将其转化为有机物。

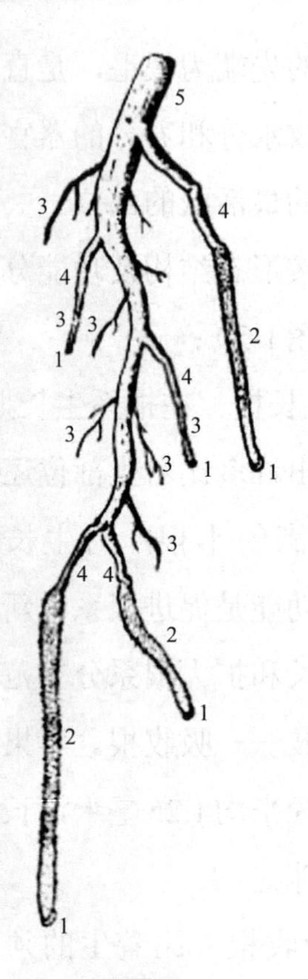

图1-2　苹果的须根

1—根冠；2—生长根；3—吸收根；
4—过渡根；5—输导根

在根系生长的最好时期，数目可占植株根系的90%或更多。吸收根的多少与果树营养状况关系极为密切。吸收根在生长后期由白色转为浅灰色成为过渡根，而后经一定时间自疏而死亡。

③ 过渡根　主要由吸收根转化而来，其部分可转变成输导根，部分随生长发育死亡。

④ 输导根　生长根经过一定时间生长后颜色转深，变为过渡根，再进一步发育成具有次生结构的输导根。它的功能是输导水分和营养物质，起固地作用，还具有吸收能力。

⑤ 根毛　为果树根系吸收养分、水分的主要部位。在苹果的吸收区每一平方毫米表面有根毛300条。根毛的寿命很短，一般在几天或几个星期内随着吸收根的死亡及生长根的木栓化而死亡。

2. 根系的分布

（1）水平分布　据观察，根系的水平分布，幼树海棠砧为冠径的1.8～2.2倍，山定子砧木为冠径的1.4～1.7倍。随着树冠的扩大，根系逐渐向外延伸，一般定植后根系的水平分布直径第二年就超过树冠，成年时为树冠的3～5倍。到了8～10年，树与树之间的根已互相交接。苹果根系的水平扩展范围为树冠直径的1.5～3倍，其中80%以上的根系分布于树冠边缘以内的范围内，直径小于1毫米的细根和吸收根集中分布于树冠边缘的正下方。

（2）垂直分布　向下生长的根，主要来源于水平根的向下分枝。分布的深浅与土地的土层厚度、土壤的质地和地下水位的高低、砧木种类有关，土层厚深些，土层薄浅些；沙质土壤深些，黏质土壤浅些；地下水位高，根系分布浅，反之则深些。乔化砧木垂直根系深，矮化砧木或矮化中间砧木垂直根系浅而且少，固地性较差，一般栽培时需立支柱，防止倒伏。一般定植3年后超过1.5米，成年后为冠幅直径的2.0倍以上。大部分地区乔砧苹果根系多集中在20～60厘米之间，矮砧苹果根系多集中在40厘米之内。

（3）根的再生能力　根的再生能力与砧木种类、根径粗细、土壤条件有关，直径大于1厘米的粗根，切断后发根难。施肥时，最好不要挖断太多的大根。土壤过干、过湿、通气不良，根再生能力降低。

二、根系的功能

根是果树重要的营养器官，根

系发育的好坏对地上部生长结果有重要影响。根系有固定、吸收、输导、合成、储藏、繁殖6大功能。

1. 固定

根系深入地下，既有水平分布又有垂直分布，具有固定树体、抗倒伏的作用。

2. 吸收

果树生长发育所需各种矿质元素主要是通过根吸收的。植物对土壤中养分的吸收过程包括：土体内的离子向根表面的移动；离子进入根，在根内累积并进行短距离运输；离子径向移动，释入木质部；从根的木质部向上运输。

3. 储藏营养

根系具有储藏营养的功能。苹果树第二年春季萌芽、展叶、开花、坐果、新梢生长等所需要的营养物质，都是由上一年秋季落叶前，叶片制造的营养物质，通过树体的韧皮部向下输送到根系内储藏起来，供应树体地上部第二年开始生长时利用的。

4. 合成

根系是合成多种有机化合物的场所，根毛从土壤中吸收到的铵盐、硝酸盐，在根内转化为氨基酸、酰胺等，然后运往地上部，供各个器官（花、果、叶等）正常生长发育时需要。根还能合成某些特殊物质，如激素（细胞分裂素、生长素）和其他生理活性物质，对地上部生长起调节作用。

5. 输导作用

根系吸收的水分和矿质营养元素需通过输导根的作用，运输到地上部供应各器官的生长和发育时需要。

6. 有萌蘖更新、形成新的独立植株的能力

三、根系的生长特点

果树根系在一年中没有自然休眠现象。只要外界环境条件合适，一年四季都能生长，或由停止生长状态迅速恢复到生长状态。根系生长高峰与地上部枝梢、果实生长高峰呈负相关关系，也就是说根系生长和地上部器官生长的高峰交错发生。这一现象可以为我们适时施肥提供科学依据。在一年中，果树根系一般有2～3个生长高峰，分别为：土壤解冻后—萌芽开花前，新梢停长后到果实迅速膨大前，采果后—落叶前。

1. 苹果根系生长特点

（1）根系生长温度　苹果根系在土壤温度高于5℃时，开始生长，7℃以上生长加快，20～27℃生长最好，高于30℃时，根系生长减慢直至停止生长。

（2）根系年生长动态　在没有灌水的条件下，根的生长在一年内有2～3个明显的高峰。第一次在4月上旬到5月下旬，第二次在8月中下旬，第三次在10月下旬至11月上旬。红富士苹果根系在一年内有三次生长高峰，第一次是3月中旬到4月下旬，第二次在6月底到7月初，第三次在10月到11月。

根系生长的周期性主要依赖于枝梢生长和果实的负荷量。根、梢生长相互促进，又相互矛盾，新梢生长与根系竞争养分，过度的新梢旺长将降低新根的发生，但根系特别是生长根的发生又需要幼叶茎尖产生的吲哚乙酸（IAA）刺激。超负荷降低了往下输送的光合产物，也因有限的秋梢生长而减少了IAA向基运输。超负荷、早期落叶不仅影响秋根的生长，还使翌年春季新根发生量少而晚。

2. 梨根系的年生长动态

梨树的根系在定植后的头2年，主根发育较快，经4～5年可达到最大垂直深度，此后侧根生长发育加快，范围扩大，粗度逐渐超过主根，树龄达15年后，侧根延伸减慢，逐渐停止。

梨树根系的生长发育和地上部呈密切的相关性。当主根发达、侧根、须根少时树体生长旺盛，分枝少；当主根生长变弱，侧根、须根数量增多时，地上部生长势缓和，枝量增加。生产上可采取相应的管理措施以实现地上、地下生长的协调一致性。

3. 桃根系的年生长动态

据报道，桃春季土温0℃以上根系就能吸收氮素，5℃新根开始生长。7月中下旬至8月上旬土温升至26～30℃时，根系停止生长。秋季土温稳定在19℃时，出现第2次生长高峰，对树体积累营养和增强越冬能力有重要意义。初冬土温降至11℃以下，根系停止生长，被迫进入冬季休眠。

桃根系的年生长周期中有两个生长高峰期。

5～6月份，土壤温度为20～21℃时是根系生长最旺盛的季节，为第一个生长高峰期；9～10月份，新梢停止生长，叶片制造的大量有机养分向根部输送，土温在20℃左右，根系进入第二个生长高峰期。

桃根系好氧性强，当土壤空气氧含量在15%以上时，树体生长健壮；在10%～15%时，树体生长正常；降至7%～10%时生长势明显下降；在7%以下时根呈暗褐色，新根发生少，新梢生长衰弱。桃园积水1～3天即可造成落叶，尤其是在含氧量低的水中。

4. 核桃根系的生长动态

（1）一生中生长动态　核桃根系在播种后1～2年内，垂直根生长很快，水平根和地上部生长缓慢；三年以后根系的水平生长加快，地上部分生长也随之加快，至树冠最大时，根系也相应分布最广。

核桃根系的生长与品种类群密切相关。早实核桃比晚实核桃根系发达。据观察，二年生早实核桃比晚实核桃根系总数多1.9倍，根系总长度多1.8倍，细根差别更大，是早实核桃的重要特性。发达的根系有利于对养分和水分的吸收，有利于树体内营养物质的积累和花芽的形成，实现早结实、早丰产。

当外围枝叶开始枯衰、树冠缩小时，根系生长也减弱，且水平根先衰老，最后垂直根衰老死亡。要注意根系的适当更新复壮。

（2）年生长动态　核桃根系的生长与其他果树一样，没有自然休眠，只要温度和水分等条件适宜，周年均可生长。核桃根系生长的起始温度8～10℃，适宜温度为18～23℃，最高温度为28～30℃。在温度、水分满足需要的情况下，核桃根系生长的快慢受营养条件的制约。

（3）核桃根系的生长与施肥

① 核桃根系的生长与施肥时期　核桃根系旺盛生长期形成的根毛及吸收根最多，吸收能力最强，肥料的吸收效率最高。土壤改良和有机肥施用应选在核桃根系生长的高峰期，最好在核桃采收后立即进行。

② 施肥对根系生长的影响　核桃根系生长有趋肥性，在同一地块或同一植株上，肥沃土壤中根量大，生长好；瘠薄土壤根量少，生长差；核桃根系会自动追踪肥料生长。施肥会诱导根系分布。施肥时应注意把肥料施在适宜根系生长的土层中。有机肥施用过浅（0～20厘米）会造成根系上翻，分布浅，浅层土壤环境条件不稳定，冬天会冻结，夏天温度可超过30℃，干

旱时浅层最旱，最不适根系生长。

（4）根系的生长与其他管理　春季发芽前，根系处于恢复生长阶段，应注意松土覆膜，以提高地温，促进根系生长与吸收。新栽幼树，一定要覆膜。成龄树于萌芽前应晚浇第一水或提早到土壤刚解冻时灌第一水。高温干旱季节，灌水外也应地面覆草，降低地温。秋季除施肥也要注意灌水，促进根系吸收营养，增加树体储藏营养。在幼树期，为尽快扩大树冠，应深耕、扩穴、增施有机肥等，促成强大根系。

5. 葡萄根系的生长特性

葡萄根系开始活动和生长温度随种类而异。一般山葡萄根系在4.5～5.2℃、美洲种在5～5.5℃、欧亚种在6～6.5℃时开始活动，吸收水分和养分，在12℃以下时开始生长及发生新根，在20～25℃时根系生长最旺盛。北方葡萄一年中根系有两次生长高峰：第一次从5月下旬开始，6月下旬至7月间达到一年中的生长高峰，这是一年中生长最旺盛、发生新根最多的时候；9月中下旬（果实采收后）出现第二次弱的生长高峰。

葡萄在春季萌芽期根压大，可达2.026×10^5帕，加上葡萄根和茎组织中导管大，故地上部新剪口容易出现大量伤流。据测定，一个剪口一天之内伤流液可达1000毫升左右，伤流液中90%以上是水分，还含有少量有机营养、维生素、赤霉素、激动素等。伤流一般对树体的营养损失不大，但剪口下部的芽眼经伤流液浸泡后萌芽延迟并引起发霉及病害。应避免在伤流期进行修剪或造成伤口。

6. 枣根系的年生长动态

早春，枣树根系的生长先于地上部。根系开始生长的时间因品种、地区、年份不同而异。河南新郑灰枣根系生长高峰在7月中旬至7月底。山西郎枣根系在7月上旬至8月中旬为迅速生长期，8月末生长速度急剧下降。

枣树的根系生长需要较高的土壤温度。土温在7.3～20℃枣树根系开始生长，20～25℃生长旺盛。在河北保定于萌芽前的4月初根系开始活动，但生长缓慢。到4月下旬至5月上旬，随土温的上升，根系生长加快，到7月中旬至8月中旬，达生长高峰。到9月上旬生长趋于下降，到11月中旬根系仍有微弱活动。

第三节

果树不同生命周期的营养吸收特点

一、地上部养分吸收的年周期变化

地上部各器官生长发育的周期性变化导致了养分吸收的周期变化。苹果幼树地上部对氮、磷、钾、钙的总吸收量的趋势为：自3月底开始，养分吸收量逐渐增加，至5月中～6月底，有一短时期骤降，以后即迅速上升，至7月达到高峰，7～8月又有下降。

地上部养分总量的下降，一方面是由于地上部器官的脱落，如落花、落果以及后期落叶所致；另一方面是运往根部，供根系生长所需（8月份根系处于生长高峰时期）；还有一部分通过根排出体外。

二、年周期内树体各器官的养分分配规律

在5年生苹果幼树上分析表明，树体器官内养分浓度有三个骤变时期，即4月底、6月底和9月份。这几个时期分别是叶片迅速生长、新梢迅速生长和叶内养分向树体储藏器官回运的时期。

1. 储藏养分的动用

春季，叶片开始发育，用于新器官形成的养分主要来源于储藏在根、干、枝梢韧皮部中的物质。在迅速生长期，元素在韧皮部中含量急剧下降，在4月份一年生枝、大

枝和树干韧皮部含N量的下降比木质部剧烈；P、K、Ca等趋势液相似。在6月底，全树含N量最低；P的表现趋势与N相同。

2. 养分的大量吸收合成

从5月初至5月底，叶片可以从根和叶片吸收的元素逐步大量合成光合产物，这些新合成的物质可进一步供应新组织的分生和扩展。在6月底至9月，尤其是7～8月这一阶段，叶内各种元素含量处于相对稳定时期，光合作用旺盛进行，各器官内的养分逐渐积累。

3. 生长停止养分回运

夏末的停止生长期，各种元素大量存在的部位分别是：N主要在叶、大枝和根内；P在叶、大枝和根内；K在叶和大枝；Ca在叶和韧皮部中多；Mg主要在叶中；9月份以后，叶内N、P、K含量明显下降，开始运回树体储藏。9～10月K在较老的枝、干、木质部中含量下降，而在韧皮部中的含量上升。

三、果树对营养的吸收特点

果树所吸收的矿质营养元素，除满足当年产量形成的需要，还要形成足够的营养生长和储藏养分，以备继续生长发育的需要。果树对元素年吸收量的顺序为：钙＞钾＞氮＞镁＞磷。氮素在果树各器官内分布较为均匀，18%在果实内，43%在叶中；钙素在果实内含量仅占全株总钙量的2.5%，枝干和根中占44%，叶中占51%；钾在叶、果中含量几乎相等，木质部占13%；磷多存在于果实中，而镁主要存在于叶内，占71%。

几种果树形成果实需吸收的营养见表1-1。

表1-1　6种果树形成100千克果实吸收氮磷钾大致数量　　单位：千克

种类	氮（N）	磷（P_2O_5）	钾（K_2O）	氮+磷+钾
葡萄	0.30	0.15	0.36	0.81
桃	0.25	0.01	0.33	0.59
柿子	0.30	0.08	0.26	0.64
蜜柑	0.30	0.06	0.20	0.56
梨	0.21	0.08	0.20	0.49
苹果	0.15	0.02	0.16	0.33

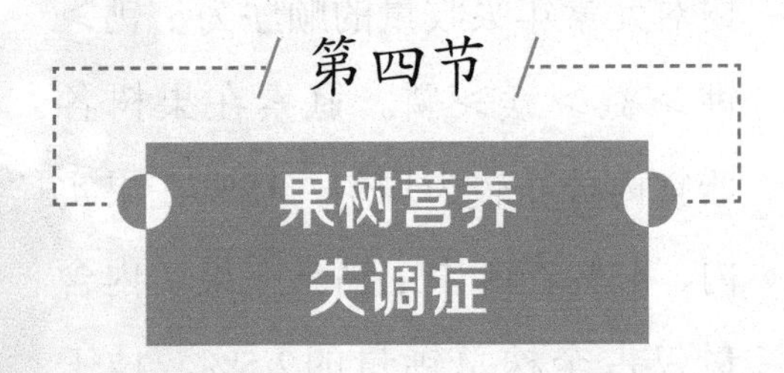

第四节 果树营养失调症

一、苹果树常见缺素症及其矫治

苹果树正常生长不仅要树体中

各种元素有一定的浓度，而且要求各元素间有一定的比例。营养元素含量不足或比例失调都会产生营养障碍，引起各种生理病害。

1. 钙

（1）缺钙症状　缺钙诱发的果实生理性病害有水心病、痘斑病和苦痘病，果实上呈水浸状（蜜病、水心病），果实组织发生凹陷或空腔，形成裂果（雨后发生严重）等。缺钙的组织大多变成棕褐色。

（2）矫治　盛花后3周、5周，采前10周、8周，一年2～4次对石灰性土壤上苹果树喷施0.5%硝酸钙，可使水心病病果率从25%降至8%，喷钙加上土壤施钙磷钾复合肥使病果率降至6%。

在果实膨大期连续喷4次0.3%硝酸钙，对痘斑病治愈率达80%。

对苦痘病可在采收后用4%氯化钙浸果3分钟，或用3%氯化钙加0.2%氯化锌浸果1分钟，再用水冲洗，待果实充分晾干后，装箱储藏。采后果实浸钙对防治储藏期生理病害比生长期植株喷钙更有效。

2. 锌

（1）缺锌症状　缺锌引起苹果小叶病，叶片（干物）锌含量适宜范围为15～50微克/克。碱性土、瘠薄的山丘地与沙滩地土温低时易缺锌，尤其在新开垦的山荒地定植的幼树，早春干旱严重时，易出现缺锌死树现象。强光照与重修剪也会加重缺锌症状。

（2）矫治　萌芽前喷5%的硫酸锌是防治小叶病的关键。喷施残效不大，可每年重复施用，直至小叶病消失，严重时应在秋季土施锌的螯合物。已发生小叶病的植株不宜重剪。

3. 硼

（1）缺硼症状　叶片（干物）硼含量适宜范围为30～60微克/克。当苹果叶片（干物）含量为14～21微克/克时，果实中即可见到干斑，当硼浓度低于12微克/克时树体营养器官的缺硼症状非常明显。

一般山地、沙滩地、盐碱地等土壤瘠薄、土层浅、有机质少的果园易发生缺硼症。沙滩地果园保水力差，硼易流失。

（2）矫治　叶面喷硼可缓解轻度缺硼症状，一般萌芽前可根外喷1%硼酸或1.5%硼砂，花期和花后2周以及养分回流期喷0.3%硼酸或0.5%硼砂。缺硼严重时，最好在秋施有机肥时结合施硼肥，施硼量按每千克土施1～2毫克，要求土壤中有效硼含量维持在1微克/克。

4. 铁

（1）缺铁症状　缺铁时叶片（干物）铁的含量小于150微克/克，适宜范围为150～290微克/克。pH大于7.0的石灰性土壤和含锰锌过多的土壤中，易使铁变成沉积物不能被植物利用，pH在6.3～8.0范围内，pH每升高0.5，可利用态的铁浓度下降10倍。在钾含量不足、土温较低、土壤湿度较大时也易发生缺铁失绿症。

（2）矫治　新梢旺长期喷0.05%～0.1%柠檬酸铁或0.3%～0.5%黄腐酸二胺铁，每2周一次，连喷2～3次；秋施基肥时，每株加施2～4千克硫酸亚铁，施用时先与200千克腐熟良好的牛马粪加水100千克混匀，再按要求施入根系周围；采用生草制，可增加土壤中铁的有效性。

二、梨树缺素症状及矫治

1. 氮

（1）缺氮症状　一般氮素营养诊断，取当年生春梢成熟叶片进行分析。叶片含氮量低于1.8%为缺乏，含氮量2.3%～2.7%为适量，大于3.5%为过剩。

梨树缺氮，早期下部老叶褪色，新叶变小，新梢长势弱。严重缺氮时，全树叶片不同程度均匀褪色，呈淡绿至黄色，老叶发红，提前落叶；枝条老化、花芽形成减少；落叶早，花芽、花及果均少，果小、但果实着色较好。

梨树上年储藏营养不足，生长

季节施肥数量少或不及时，容易造成新梢、果实旺盛生长期缺氮。

（2）矫治　缺氮时采取氮肥施用可见成效。尿素作为氮素的补给源，用于叶面喷施，注意选用缩二脲含量低的尿素，以免产生药害。

2. 磷

（1）缺磷症状　叶分析结果以有效磷含量0.05%～0.55%为适宜范围，含量0.14%为最佳值。

梨树早期缺磷无明显症状表现。中、后期缺磷，植株生长发育受阻、生长缓慢，抗性减弱，叶片变小、叶片稀疏、叶色呈暗黄褐至紫色、无光泽、早期落叶，新梢短。严重缺磷时，叶片边缘和叶尖焦枯，花、果和种子减少，开花期和成熟期延迟，果实产量低。

常见缺磷的土壤有：高度风

化、有机质缺乏的土壤；土壤干旱缺水、长期低温，影响磷的扩散与吸收；氮肥使用过多、施磷不足，容易出现缺磷症状。

（2）矫治　厩肥中含有持久性较长的有效磷，可在各种季节施用。叶面喷施可使用0.1%～0.3%的磷酸二氢钾、磷酸一铵或过磷酸钙浸出液。

3. 钾

（1）缺钾症状　梨树植株当年春梢营养枝成熟叶，全钾含量低于0.7%为缺乏，1.2%～2.0%为适量。梨树缺钾初期，老叶叶尖、边缘褪绿，新梢纤细，枝条生长很差，抗性减弱。缺钾中期，下部成熟叶片的叶尖、叶缘逐渐向内焦枯、呈深棕色或黑色灼伤状，整片叶杯状卷曲或皱缩。严重缺钾，成熟叶片叶缘焦枯，整叶干枯不脱落、残留在枝条上；枝条发出的新叶边缘枯焦，至植株死亡。

土壤干旱，钾的移动性差；土壤渍水，根系活力低，钾吸收受阻；树体连续负载过大，土壤钾素营养缺乏等易发生植株缺钾现象。

（2）矫治　土壤施用氯化钾、硫酸钾等钾肥可矫治土壤缺钾。根外喷布充足的含钾的盐溶液，也可达到较好的矫治效果。方法为在果实膨大及花芽分化期沟施硫酸钾、氯化钾、草木灰等钾肥；生长季的5～9月，用0.2%～0.3%的磷酸二氢钾或0.3%～0.5%的硫酸钾溶液结合喷药作根外追肥，一般3～5次即可。

4. 钙

（1）缺钙症状　梨树当年生枝

条中部完整叶片的全钙含量低于0.8%为缺乏，全钙含量1.5%～2.2%为适宜范围。

缺钙初期幼嫩部位生长停滞、新叶难抽出，嫩叶叶尖、叶缘粘连扭曲、畸形。严重缺钙时，顶芽枯萎、叶片出现斑点或坏死斑块。幼果表皮木栓化，成熟果实表面出现枯斑。多数情况下，叶片并不显示出缺钙症状，果实表现缺钙，出现多种生理失调症，例如苦痘病、裂果、软木栓病、痘斑病、果肉坏死、心腐病、水心病等。

酸性火成岩、硅质砂岩发育的土壤、高雨量区的沙质土等易出现土壤缺钙。有机肥施用量少或沙质土壤有机质缺乏、土壤吸附保存钙素能力弱等情况梨树容易发生缺钙。矫治酸性土壤缺钙，通常可施用石灰（氢氧化钙）。仅缺钙，施用石膏、硝酸钙、氯化钙可见效。

（2）矫治　可在落花后4～6周至采果前3周，于树冠喷布0.3%～0.5%的硝酸钙液，15天喷1次，连喷3～4次。

5. 镁

（1）缺镁症状　枝条中部叶片全镁含量低于0.20%为缺乏，0.30%～0.80%适宜，高于1.0%为过量。

梨树缺镁初期，成熟叶片中脉两侧脉间失绿，失绿部分由淡绿变为黄绿直至紫红色斑块，但叶脉、叶缘仍保持绿色。缺镁中、后期，失绿部分出现不连续的串珠状，顶端新梢的叶片出现失绿斑点。严重缺镁时，叶片中部脉间发生区域坏死。新梢基部叶片枯萎、脱落后，再向上部叶片扩展，最后只剩下顶端少量薄而淡绿的叶片。

镁元素缺乏常发生在温暖湿润的沙质酸性土壤，花岗岩、片麻岩的红黄壤，含钠量高的盐碱土壤等。

（2）矫治　可采用土壤施用或叶面喷施氯化镁、硫酸镁、硝酸镁的方法。土施每株0.5～1.0千克；叶面喷布0.3%的氯化镁、硫酸镁或硝酸镁，每年3～5次。

6. 硫

（1）缺硫症状　梨树植株成熟叶片全硫（S）含量低于0.1%为缺乏；0.17%～0.26%为适量范围。

梨树缺硫时幼嫩叶片褪绿和变黄，失绿黄化色泽均匀、不易枯干，成熟叶片叶脉发黄；开花结果时间延长，果实减少。严重缺硫，叶细小，叶片向上卷曲、变硬、易碎、提早脱落。缺硫症状极易与缺氮症状混淆，但失绿部位表现不同。缺氮首先表现在老叶，老叶症状比新叶重，叶片容易干枯。而硫在植株中较难移动，缺硫在幼嫩部位先出现症状。

缺硫常见于质地粗糙的沙质土壤和有机质含量低的酸性土壤。降水量大、淋溶强烈的梨园，有效硫含量低，容易缺乏硫素。

（2）矫治　当梨树发生缺硫时，每公顷可使用30～60千克硫酸铵、硫酸钾或硫黄粉进行矫治。叶面喷肥可用0.3%的硫酸锌、硫酸锰或硫酸铜进行喷施，5～7天喷一次、连续喷2～3次即可。

7. 铁

（1）缺铁症状　在梨树植株成熟叶片中，铁含量低于20毫克/

千克为缺乏，含量60～200毫克/千克为适宜范围。梨的缺铁症状：最先是嫩叶的整个叶脉间开始失绿，主脉和侧脉仍保持绿色。缺铁严重时，叶片变成柠檬黄色，且有褐色坏死斑点，叶片从边缘开始枯死。

经常发生缺铁的土壤类型是碱性土壤，尤其是石灰质土壤和滨海盐土。磷肥使用过量会诱发缺铁症状。

（2）矫治　对砀山酥梨的试验表明，休眠期树干注射是防治缺铁黄化症的有效方法。先用电钻在梨树主干上钻1～3个小孔，用强力树干注射器按缺铁程度注入0.05%～0.1%的酸化硫酸亚铁溶液（pH5.0～6.0）。注射完后把树干表面的残液擦拭干净，再用塑料条包裹住钻孔。一般6～7年生树每株注入浓度为0.1%硫酸亚铁15千克，树龄30年以上的大树注入50千克。注射之前应先作剂量试验，以防发生药害。该防治技术省工、省时、见效快。

8. 锰

（1）缺锰症状　梨树植株叶片锰含量低于20毫克/千克为缺锰，60～120毫克/千克为适量，含量大于220毫克/千克为过剩。梨树缺锰初期新叶先表现失绿，叶缘、脉间出现界限不明显的黄色斑点，叶脉仍为绿色，多为暗绿。严重缺锰时，根尖坏死，叶片失绿部位常出现杂色斑点，然后变为灰色，甚至苍白色，叶片变薄脱落，枝梢光秃、枯死，甚至整株死亡。耕作层浅、质地较粗的山地石砾土容易发生缺锰；石灰性土壤pH值高，降低了锰元素的有效性，常出现缺锰症。

（2）矫治　梨树出现缺锰症状时，可在树冠喷布0.2%～0.3%硫酸锰液，15天喷一次，共喷3次左右。进行土壤施锰时，应在土壤内含锰量极少的情况下才施用，可将硫酸锰混合在有机肥中撒施。

9. 锌

（1）缺锌症状　当梨树植株成熟叶片全锌量低于10毫克/7千克时为缺乏，全锌含量20～50毫克/千克为适宜。

梨树缺锌表现为发芽晚，新梢节间变短，叶片变小变窄，叶质脆硬，呈浓淡不匀的黄绿色，并呈莲座状畸形。新梢节间极短，顶端簇生小叶，俗称“小叶病”。病枝发芽后很快停止生长，花果小而少，畸形。锌对叶绿素合成具有一定作用，树体缺锌时，有时叶片也发生黄化。严重缺锌时，枝条枯死，产量下降。

发生缺锌的土壤种类主要是有机质含量低的贫瘠土和中性或偏碱性钙质土。过量施用磷肥造成梨树体内磷锌比失调、降低了锌在植株体内的活性，表现出缺锌；施用石灰的酸性土壤易出现缺锌症状。

（2）矫治　可采用叶面喷布锌盐、土壤施用锌肥、树干注射含锌溶液等方法，均能取得不同程度的效果。根外喷布硫酸锌，是矫正梨树缺锌最为常用且行之有效的方法，具体是生长季节叶面喷布0.5%的硫酸锌，休眠季节喷施2.5%硫酸锌。土壤施用锌螯合物，成年梨树每株0.5千克对矫治缺锌最为理想。

10. 铜

缺铜时，叶绿素减少，叶片出现失绿现象，幼叶的叶尖因缺绿而黄化并干枯，最后叶片脱落。缺铜也会使繁殖器官的发育受到破坏。

11. 钼

（1）缺钼症状　缺钼时叶片出现黄色或橙黄色大小不一的斑点，叶缘向上卷曲呈杯状，叶肉脱落残缺或发育不全。缺钼与缺氮相似，但缺钼叶片易出现斑点，边缘发生焦枯，并向内卷曲，组织失水而萎蔫。

一般缺钼发生在酸性土壤上。淋溶强烈的酸性土锰浓度高，易引起缺钼。

（2）矫治　喷施0.01%～0.05%的钼酸铵溶液可矫治钼素缺乏，为防止新叶受药害，一般在幼果期喷施。缺钼严重的植株可加大药的浓度和次数，可在5月、7月、10月各喷施一次浓度0.1% ～ 0.2%的钼酸溶液，叶色可望恢复正常；对强酸性土壤梨园，可采用土施石灰矫治缺钼，通常每667平方米施用钼酸铵22 ～ 40克，与磷肥结合施用效果更好。

12. 硼

（1）缺硼症状　梨树植株成熟叶片硼含量小于10毫克/千克为缺乏，20 ～ 40毫克/千克为适量，大于40毫克/千克为过剩。梨树缺硼时，叶变厚而脆、叶脉变红、叶缘微上卷，出现簇叶现象。严重缺硼时，叶尖出现干枯皱缩，春天萌芽不正常，发出纤细枝后就随即干枯，顶芽附近呈簇叶多枝状；花粉发育不良，坐果率降低，幼果果皮木栓化，出现坏死斑并造成裂果；秋季新梢叶片未经霜冻，即呈现紫红色。

缺硼植株果实出现软心或干斑，导致缩果病，有时果实有疙瘩并表现裂果，果肉干而硬、失水严重，石细胞增加，风味差，品质下降。

石灰质碱性土，强淋溶的沙质土，耕作层浅、质地粗的酸性土，是最常发生缺硼的土壤种类。天气干旱时，土壤水分亏缺，硼的移动性差、吸收受到限制，容易出现缺硼症状；氮肥过量施用，引起氮素和硼素比例失调，梨树缺硼加重。

（2）矫治　常用土施硼砂、硼酸的方法，因硼砂在冷水中溶解速度很慢，不宜供喷布使用。梨树缺硼，可用0.1%～0.5%的硼酸溶液喷布，效果较好。

13. 氯

梨树植株成熟叶片中全氯含量低于0.05%为适宜，大于1.0%为过剩。

目前梨树缺氯症状极罕见。缺氯时一般症状为植株萎缩、叶片失绿、叶形变小。

三、桃树缺素症及其防治

1. 缺氮症

（1）症状　土壤缺氮会使全株叶片上形成坏死斑。缺氮枝条细弱，短而硬，皮部呈棕色或紫红色。

（2）发生规律　缺氮初期，新梢基部叶片逐渐变成黄绿色，枝梢也随即停长。继续缺氮时，新梢上的叶片由下而上全部变黄。叶柄和叶脉变红，氮素可从老熟组织转移到幼嫩组织中，缺氮症多在较老的枝条上表现显著，幼嫩枝条表现较晚而轻。严重缺氮时，叶脉间的叶肉出现红色或红褐色斑点，到后期许多斑点发展为坏死斑。

土壤瘠薄、管理粗放、杂草丛生的桃园易表现缺氮症。在砂质土壤上的幼树，新梢速长期或遇大雨，几天内即表现出缺氮症。

（3）防治方法　桃树缺氮应在施足有机肥的基础上，适时追施氮素化肥。

① 增施有机肥。早春或晚秋，最好是在晚秋，按1千克桃果2～3千克有机肥的比例开沟施有机肥。

② 根部和叶部追施化肥。追施氮肥，如硫酸铵、尿素。施用后症状很快得到矫正。在雨季和秋梢迅速生长期，树体需要大量氮素，

而此时土壤中氮素易流失。除土施外，也可用0.1%～0.3%尿素溶液喷布树冠。

2. 缺磷症

（1）症状　缺磷较重的桃园，新生叶片小，叶柄及叶背的叶脉呈紫红色，以后呈青铜色或褐色，叶片与枝条呈直角。

（2）发生规律　磷可从老熟组织转移到新生组织中被重新利用，老叶片首先表现症状。缺磷初期，叶片较正常，或变为浓绿色或暗绿色，似氮肥过多。叶肉革质，扁平且窄小。

严重缺磷，老叶片形成黄绿色或深绿色相间的花叶，叶片很快脱落，枝条纤细。新梢节短，呈轮生叶，细根发育受阻，植株矮化。果实早熟，汁液少，风味不良，并有深的纵裂和流胶。

土壤碱性较大时，不易缺磷，幼龄树缺磷受害最显著。

（3）防治方法

① 增施有机肥料。

② 施用化肥。施用过磷酸钙、磷酸二铵或磷酸二氢钾。秋季施入腐熟的有机肥，施入量为桃果产量的2～3倍，将过磷酸钙和磷酸二氢钾混入有机肥中一并施用，效果更好。轻度缺磷，在生长季节喷0.1%～0.3%的磷酸二氢钾溶液2～3遍，可使症状缓解。

3. 缺钾症

（1）症状　叶片卷曲、皱缩，有时呈镰刀状。晚夏后叶变浅绿色。严重缺钾，老叶主脉附近皱缩，叶缘或近叶缘处坏死，边缘不规则、穿孔。

（2）发生规律　缺钾初期，枝条中部叶片皱缩。继续缺钾时，叶片皱缩明显，扩展快。遇干旱时，叶片卷曲，全树呈萎蔫状。缺钾而卷曲的叶片背面，常变成紫红色或淡红色。新梢细短，易发生生理落果，果个小，花芽少或无花芽。

在细砂土、酸性土及有机质少和施用钙、镁较多的土壤上易缺钾。在砂质土中施石灰过多，可降低钾的可给性，在轻度缺钾的土壤中施用氮肥时，刺激桃树生长，更易缺钾。桃树缺钾，易遭受冻害或旱害。钾肥过多，会引起缺硼。

（3）防治方法　在增施有机肥的基础上注意补施一定量的钾肥，避免偏施氮肥。生长季喷施0.2%磷酸二氢钾、硫酸钾或硝酸钾2～3次。

4. 缺铁症

（1）症状　叶脉保持绿色，而脉间褪绿。严重时整片叶全部黄化，最后白化，幼叶、嫩梢枯死。

（2）发生规律　铁在植物体内不易移动，缺铁症从幼嫩叶上开始。叶肉先变黄，而叶脉保持绿色，叶面呈绿色肉白失绿。随病势发展，整叶变白，失绿部分出现锈褐色枯斑或一缘焦枯，引起落叶，最后新梢顶端枯死。一般树冠外围、上部自新梢顶端叶片发病较重，往下的老叶病情减轻。

在盐碱或钙质土中，桃树缺铁较常见。低洼地区盐分上泛，或长期土壤含水量多时，土壤通气性差，根系吸收能力降低，常引起严重的缺铁症。pH值过大，也会导致黄化。

（3）防治方法

① 增施有机肥或酸性肥料等，降低土壤pH，促进桃树对铁元素的吸收利用。

② 缺铁较重的桃园，施可溶性铁，如硫酸亚铁、螯合铁和柠檬酸铁等。在病树周围挖8～10个小穴，穴深20～30厘米，穴内施2%的硫酸亚铁溶液，每株施用6～7克；1000～1500毫克/千克硝基黄腐酸铁，每隔7～10天1次，喷3次。

5. 缺锌症

（1）症状　主要表现为小叶，又叫“小叶病”。新梢节间短，顶端叶片挤在一起呈簇状，也称“丛箬病”。

（2）发生规律　早春症状最明显，主要表现于新梢及叶片，以树冠外围的顶梢表现最严重。病枝发芽晚，叶片狭小细长、叶缘略向上卷，质硬而脆，叶脉间出现不规则黄色或褪绿部位，褪绿部位逐渐融合成黄色伸长带，从靠近中脉至叶缘，在叶缘形成连续的褪绿边缘。病枝不易成花坐果，果小而畸形。

缺锌与下列因素有关：①砂土果园土壤瘠薄，锌含量低。②土壤透水性好，灌水过多使可溶性锌盐流失。③氮肥施用量过多使锌需要量增加。④盐碱地锌易被固定，不能被根系吸收。⑤土壤黏重，活土层浅，根系发育不良。⑥重茬果园或苗圃地更易患缺锌症。

（3）防治方法

① 土壤施锌。结合秋施有机肥，每株成龄树加施0.3 ～ 0.5千克硫酸锌，第二年见效，持效期长

达3～5年。

② 树体喷锌。发芽前喷3%～5%硫酸锌溶液，或发芽初喷0.1%硫酸锌溶液，花后3周喷0.2%硫酸锌加0.3%尿素，可明显减轻症状。

6. 缺硼症

（1）症状　桃树缺硼可使新梢发生“顶枯”，即新梢从上往下枯死。在枯死部的下方，长出侧梢，使大枝呈丛枝状。在果实上表现为发病初期，果皮细胞增厚，木栓化，果面凹凸不平，以后果肉细胞变褐木栓化。

（2）发生规律　硼在树体组织中不能储存，也不能从老组织转移到新生组织，在桃树生长的任何时期缺硼都可发病。

造成缺棚的因素有：土壤中

缺硼；土层薄、缺乏腐殖质和植被保护，雨水冲刷而缺硼；土壤偏碱或石灰过多，硼被固定，易缺硼；土壤过分干燥，硼不易被吸收利用等。

（3）防治方法

① 土壤补硼。秋季或早春，结合施有机肥加入硼砂或硼酸。可据树体大小确定施肥量，一般为100～250克，每隔3～5年施1次。

② 树上喷硼。发芽前树体喷施1%～2%硼砂水溶液，或分别在花前、花期和花后各喷一次0.2%～0.3%硼砂水溶液。

7. 缺钙症

（1）症状　桃树对缺钙最敏感。主要表现为顶梢上的幼叶从叶尖端或中脉处坏死，严重缺钙时，枝条尖端以及嫩叶似火烧般地坏死，并迅速向下部枝条发展。

（2）发生规律　钙在较老的组织中含量特别多，但移动性很小，缺钙时首先是根系生长受抑制，从根尖向上枯死。春季或生长季表现叶片或枝条坏死。枝异常粗短，顶端深棕绿色，花芽形成早，茎上皮孔胀大，叶片纵卷。

（3）防治方法

① 提高土壤中钙的有效性。增施有机肥料，酸性土壤施用适量的石灰，可中和土壤酸性，提高土壤中有效钙的含量。

② 土壤施钙。秋施基肥时，每株施500～1000克石膏（硝酸钙或氧化钙），与有机肥混匀，一并施入。

③ 叶面喷施。在砂质土壤上，叶面喷施0.5%的硝酸钙，重病树一般喷3～4次即可。

8. 缺锰症

（1）症状　桃树对缺锰敏感，缺锰时嫩叶和叶片长到一定大小后表现特殊的侧脉间褪绿。严重时，脉间有坏死斑，早期落叶，整个树体叶片稀少，果实品质差，有时出现裂皮。

（2）发生规律　碱性土壤，锰呈不溶解状态；酸性土壤，常由于锰含量过多而造成中毒。春季干旱，易发生缺锰症。树体内锰和铁相互影响，缺锰时易引起铁过多症，锰过多时，易发生缺铁症。

（3）防治方法

① 增施有机肥，提高锰的有效性。

② 调节土壤pH。在强酸性土壤中，避免施用生理酸性肥料，控制氮、磷的施用量。在碱性土壤中

可施用生理酸性肥料。

③ 土壤施锰。将适量硫酸锰与有机肥料混合施用。

④ 叶面喷施锰肥。早春喷400倍硫酸锰溶液。

9. 缺镁症

（1）症状　缺镁时，较老的绿叶产生浅灰色或黄褐色斑点，位于叶脉间，严重时斑点扩大到叶边缘。初期症状出现褪绿，似缺铁，严重时引起落叶，从下向上发展，少数幼叶仍生长于梢尖。当叶脉间绿色消退，叶组织外观像一张灰色的纸，黄褐色斑点增大直至叶的边缘。

（2）发生规律　酸性土壤或砂质土壤中镁易流失，强碱性土壤中镁也会变成不可吸收态。施钾或磷过多，会引起缺镁症。

（3）防治方法

① 增施有机肥，提高土壤中镁的有效性。

② 土壤施镁。在酸性土壤中，可施镁石灰或碳酸镁，中和酸度。中性土壤可施用硫酸镁。也可每年结合施有机肥，混入适量硫酸镁。

③ 叶面喷施。一般在6～7月份喷0.2%～0.3%的硫酸镁，效果较好。但叶面喷施可先做单株试验后再普遍喷施。

四、核桃缺素症

1. 桃树所需营养元素

（1）氮　一般缺氮的植株生长期开始叶色较浅，叶片稀少而小，叶子变黄，常提前落叶，新梢生长量降低，严重者植株顶部小枝死亡，产量明显下降。但在干旱和其他逆境下，也可能发生类似现象。

（2）磷　缺磷时，树体一般很衰弱，叶子稀疏，小叶片比正常叶略小，叶片出现不规则的黄化和坏死，落叶提前。

（3）钾　缺钾症状多表现在枝条中部叶片上，开始叶片变灰白（类似缺氮），然后小叶叶缘呈波状内卷，叶背呈现淡灰色（青铜色），叶子和新梢生长量降低，坚果变小。

（4）钙　缺钙时根系短粗、弯曲，尖端不久褐变枯死。地上部首先表现在幼叶上，叶小、扭曲、叶缘变形，并经常出现斑点或坏死，严重的枝条枯死。

（5）铁　缺铁时幼叶失绿，叶肉呈黄绿色，叶脉仍为绿色，严重缺铁时叶小而薄，呈黄白或乳白色，甚至发展成烧焦状和脱落。铁在树体内不易移动，因此最先表现缺铁的是新梢顶部的幼叶。

（6）锌 缺锌时表现为枝条顶端的芽萌芽期延迟，叶小而黄，呈丛生状，被称为小叶病，新梢细，节间短。严重时叶片从新梢基部向上逐渐脱落，枝条枯死，果实变小。

（7）硼 缺硼时树体生长迟缓，枝条纤细，节间变短，小叶呈不规则状，有时叶小呈萼片状，严重时顶端抽条死亡。硼过量可引起中毒，症状首先表现在叶尖，逐渐扩向叶缘，使叶组织坏死。严重时，坏死部分扩大到叶内缘的叶脉之间，小叶的边缘上卷，呈烧焦状。

（8）镁 镁是叶绿素的主要组成元素。缺镁时，叶绿素不能形成，表现出失绿症，首先在叶尖和两侧叶缘处出现黄化，并逐渐向叶柄基部延伸，留下V形绿色区，黄化部分逐渐枯死呈深棕色。

（9）锰　缺锰时，表现有独特的褪绿症状，失绿是在脉间从主脉向叶缘发展，褪绿部分呈肋骨状，梢顶叶片仍为绿色。严重时，叶子变小，产量降低。

（10）铜　缺铜时，新梢顶端的叶子先失绿变黄，后出现烧焦状，枝条轻微皱缩，新梢顶部有深棕色小斑点。果实轻微变白，核仁严重皱缩。

2. 营养诊断

营养诊断能及时准确地反映树体营养状况，不仅能查出肉眼见到的症状，分析出多种营养元素的不足或过剩，分辨两种不同元素引起的相似症状，且能在症状出现前及早测知。借助营养诊断可及时施加适宜的肥料种类和数量，以保证果树的正常生长与结果。

营养诊断是按统一规定的标准方法测定叶片中矿质元素的含量，与叶分析的标准值（表1-2）比较确定该元素的盈亏，再依据当地土壤养分状况（土壤分析）、肥效指标及矿质元素间的相互作用，制定施肥方案和肥料配比，指导施肥。

表1-2　核桃叶片矿质元素含量标准表

元素		缺乏	适生范围	中毒
常量元素（占干重百分比）/%	N	＜2.1	2.2～3.2	
	P		0.1～0.3	
	K	＜0.9	＞1.2	
	Ca		＞1.0	
	Mg		＞0.3	
	Na			＞0.1
	Cl			＞0.3

续表

元素		缺乏	适生范围	中毒
干物质微量元素含量/（毫克/千克）	B	＜20		＞300
	Cu			
	Mn			
	Zn	＜18		

五、葡萄缺素症的调整

1. 缺硼

（1）增施有机肥料，改善土壤理化性状，增加土壤肥力。

（2）施入硼砂，可结合基肥施入，一般每667平方米施1.5～2千克。

（3）在花前1～2周叶面喷施0.1%～0.2%硼砂，也可在生长季每株根施硼砂30克左右。

2. 缺镁

（1）镁离子与钾离子有拮抗作用，发生缺镁严重的果园应适当减少钾肥的施入量。

（2）增施有机肥也可有效地缓解缺镁症状。

（3）生长季叶面追施0.3%～0.4%硫酸镁3～4次，可减轻病情。

3. 缺锌

在花前2～3周喷施硫酸锌，每100千克水中加入117克硫酸锌，完全溶解后喷施。

4. 缺锰

（1）增施有机肥。

（2）在开花前喷施0.3%～0.5%硫酸锰2次，间隔1周左右。

5. 缺氮

（1）在施有机肥时混合加入含氮肥料。

（2）在生长季追施速效氮肥2～3次。

（3）结合生长季喷药，叶面喷

施0.3%～0.5%尿素溶液2～3次。

第五节 果树生长对环境条件的要求

一、温度

1. 梨

温度是决定梨品种地理分布、制约梨树生长发育好坏的首要因子。由于各种梨原产地带不同，在长期适应原产地条件下而形成了对温度的不同要求（见表1-3）。

（1）开花温度　气温稳定在10℃以上，梨花即开放。14℃时，开花增快，15℃以上连续3～5天，即完成开花。

表1-3　梨不同品种群对温度的适应范围

单位：℃

品种类群	年均温	生长季均温	休眠期均温	绝对最低温
秋子梨	4.5 ～ 12	14.7 ～ 18.0	−4.9 ～ −13.3	−19.3 ～ −30.3
砂梨	14.0 ～ 20	15.5 ～ 26.9	5.0 ～ 17.2	−5.9 ～ −13.8
白梨和西洋梨	7.0 ～ 15	18.1 ～ 22.2	−2.0 ～ 3.5	−16.4 ～ −24.2

梨树开花较苹果为早，梨是先开花后展叶，易发生花期晚霜冻害。已开放的花朵，遇0℃低温即受冻害。不同品种类群开花温度不同，其由低至高的开花顺序依次为秋子梨—白梨—砂梨—西洋梨。越是开花早的品种，越易受冻。

不同纬度不同年份花期不同。由北向南，温度渐高，花期渐次提早，南北花期可相差2个月。低温寡照年份较高温晴朗年份，开花可推迟1～2周。

（2）花粉发芽温度　在10～16℃时，44小时完成授粉受精过程；气温升高，相应加速。晴天20℃左右，9～22小时即完成受精。温度过高过低，对授粉受精都不利，气温高于35℃或低于5℃，即有伤害，是造成开花满树、结果无几的原因。

（3）花芽分化和果实发育温度　要求20℃以上。6～8月间，一般年份都能满足这个温度。但在北部积温不足的地区或年份，常出现花芽形成困难和果实偏小、色味欠佳的现象，如辽宁的鸭梨其成花、产量、品质和果个远不及河北、山东产区。

（4）根系生长、吸收的温度　梨的根系在土温达到0.5～2℃及以上，即开始活动，6～7℃即发新根。

2. 桃

桃树喜温耐寒，经济栽培多分布在北纬25°～45°之间。南方品种群适栽地区年平均温度为12～17℃，北方品种群为8～14℃，南方品种群更耐夏季高温。桃的生长最适温度为18～23℃，果实成熟期的适温为25℃左右。

桃在不同时期的耐寒力不同，休眠期花芽在−18℃的情况下才受冻害，花蕾期只能忍受−6℃的低温，开花期温度低于0℃时即受冻害。桃在生长期中月平均温度达到24～25℃时产量高、品质佳，如温度过高，则品质下降。中国南方炎热多雨地区出现枝条终年生长，几乎无休眠期，养分消耗多，枝条不易成熟，开花多，结果少。

3. 核桃

核桃属喜温树种，适宜生长在年平均温度9～16℃、极端最低温度-32～-25℃、极端最高温度38℃以下、无霜期150～240天的地区。核桃幼树在-20℃条件下会出现冻害，成年树虽能忍耐-30℃的低温，但在温度低于-26℃时，枝条、雄花芽及叶芽均易受冻害。展叶后，如温度降到-4～-2℃，新梢将被冻坏。花期或幼果期，气温降低到-2～-1℃时就会受冻减产。夏季温度超过38℃，易出现日灼、核仁发育不良，形成空苞。

铁核桃只适应亚热带气候，耐湿热，不耐干冷。

4. 葡萄

葡萄树属喜温性果树。葡萄一般在春季昼夜平均气温达10℃左右时开始萌发，而秋季气温降到10℃左右时营养生长即停止。葡萄栽培上称10℃为生物学零度，把一个地区一年内≥10℃的温度总和称为该地区的年有效积温。有效积温与浆果的成熟和含糖量有很大关系。有效积温不足，浆果含糖量低、着色差，品质下降。所以有效积温是划分葡萄气候区的关键指标。了解某一地区的有效积温和某一品种对有效积温的要求，就可以推断该品种在某地区经济栽培的可能性。

不同品种生长发育要求的有效积温不同（参见品种分类表）。

葡萄不同物候期对温度要求不同：20～30℃最适于新梢生长、开花和花芽分化。果实成熟期最适温度为20～32℃，温度低则着色不良，成熟延迟，糖度低酸度高。葡萄不同器官忍耐低温能力不同：萌动芽-3℃开始受冻，-1℃时嫩梢和幼叶开始受冻；开花期0～3℃花器受冻，幼果脱落；果实成熟期-3℃以下浆果受冻或造成脱落。

5. 枣

枣树为喜温树种，萌芽晚，落叶早。当气温上升到13～15℃时枣芽开始萌动；枝条迅速生长和花芽大量分化期要求有17℃以上的温度；日平均温度在20℃以上时进入始花期，22～25℃达盛花期。

不同品种对温度的要求不同，金丝小枣、婆枣到22～23℃时进入盛花期，圆铃枣日均温到25℃且持续数日坐果良好。晋枣花期适温为20～27℃，对温度的适应范围较大，有利于坐果。

果实生长期要求24℃以上的温

度，到果实完熟期需要100天左右，积温要求2430～2480小时，温度较低的地区成熟期相对推迟。积温不足，果实不能完全成熟，干物质积累少，品质下降。在气温较高的南方栽培区，成熟期相对提前。

果实成熟期的温度为18～22℃，在成熟期昼夜温差大有利于碳水化合物的积累，增进品质。气温下降至15℃开始落叶，至初霜期落完。

枣树休眠期耐寒能力较强。在辽宁熊岳绝对最低温度为−30℃，新疆哈密绝对最低温度为−32℃，枣树均能安全越冬。

二、光照

1. 梨

梨树喜光，年需日照1600～

1700 小时。大多数梨品种，分生长枝少，萌发短枝，树冠稀疏，使冠内可以接受更多的阳光。

梨树根、芽、枝、叶、花、果实一切器官的生长，所需的有机养分，都靠叶的叶绿素吸收光能制造。当光照不足时，光合产物减少，生长变弱，根系生长显著不良，花芽难以形成，落花落果严重，果实小，颜色差，糖度低，维生素C少，品质明显下降。

原产地不同的品种，对光的要求不同。原产地多雨寡照的南方沙梨，有较好耐阴性；原产地多晴少雨的北方秋子梨、白梨品种，要求较多光照；西洋梨介于二者之间。

2. 桃

桃属喜光性很强的植物，主干早期消失，树冠开张，叶片狭长，内膛枝易枯死。在栽培中，管理不当，树冠上部枝叶过密，极易造成下部枝条枯死，造成光秃现象，结果部位迅速外移。光照不足还会造成根系发育差，花芽分化少，落花、落果多，果实品质会变劣。

桃虽喜光，但直射光过强，常引起枝干日灼，影响树势，树干过于开张，主枝内部光秃的树易受害。

在栽培上须注意控制好桃树群体结构和树体结构，合理调控枝叶密度，采用开心树形，生长季多次修剪，使桃园通风透光良好。

北方利用设施栽培生产反季节桃时，光照强度明显不足，须尽量减少自然光在进入设施过程中的损失。

3. 核桃

核桃属喜光树种，适于阳坡或

平地栽植，进入盛果期后更需充足光照。普通核桃光合作用最适的光照强度高达6万勒克斯。光照对核桃生长发育、花芽分化及开花结实均具有重要的影响。结果期核桃一般要求全年日照不少于2000小时，低于1000小时坚果核壳和核仁发育不良。在雌花开花期，光照条件好，坐果率明显提高；阴雨低温天气，易造成大量落花落果。

4. 葡萄

葡萄是喜光性果树，对光反应敏感。光照充足，植株生长健壮充实，叶色浓绿而有光泽，光合作用强，花芽分化充分，浆果着色和品质均佳。光照不足，新梢细长，叶薄色黄，光合产物少，植株营养不良，浆果品质低劣，枝条成熟度差，花芽分化不好，不仅影响当年的产量和品质，还会严重影响下一年的产量。

不同种和品种对光的反应有一定差异。欧亚种葡萄比美洲种葡萄和欧美杂种对光的要求更高一些。

5. 枣

枣喜光，光照不足明显影响枣的生长与结果。光照强度在一定范围内与枣树生长量有明显的正相关，光照强度增大，枣吊生长量和叶面积随之增大。生产上应注意合理密植，调整好树体结构，以利通风透光，防止树冠郁闭。

三、水分

1. 梨

梨树喜水，民间有“旱枣涝梨”之说，梨果实含水量80% ~ 90%，枝叶、根含水50%左右。不同种和品种需水量不同，砂梨需水量最多，白梨、西洋梨次之，秋子梨最耐旱。

亩产2500千克的成年梨树，每667平方米1年耗水量约为400吨。这个数量相当于600毫米的年降水量。我国东北、华北梨产区，年降雨多在500～600毫米，西北地区只有300～400毫米，天然降水不足且分布不均衡，应选择山梨、杜梨砧木及秋子梨、白梨等抗旱品种，并有保水、灌水设施。长江流域及其以南梨产区，年雨量1000毫米以上，雨量偏高，应选用豆梨、砂梨作砧木，嫁接砂梨等抗涝品种，并有排水设施。

2. 桃

桃耐干旱，最不耐水涝，适宜于排水良好的壤土或沙壤土上生长。

雨量过多，易使枝叶徒长，花芽分化质量差，数量少，果实着色不良，风味淡，品质下降，不耐储藏。

桃虽喜干燥，但在春季生长期中，特别是在硬核初期及新梢迅速生长期遇干旱缺水，会影响枝梢与果实的生长发育，导致严重落果。

3. 核桃

我国一般年降水600～800毫米且分布均匀的地区基本可满足核桃生长发育的需要。核桃不同种群和品种对水分的适应能力有很大差异，如铁核桃分布区年降水量为800～1200毫米，新疆早实核桃则适应于新疆干燥气候，若将新疆早实核桃引种到降水量600毫米以上地区易发病害。

土壤含水量为田间最大持水量的60%～80%时较适合于核桃的生长发育。当土壤含水量低于田间最大持水量60%时（或土壤绝对含水量低于8%～12%）核桃的生长发育受影响，造成落花落果，叶片枯萎，需要适时灌水。土壤水分过多或长时间积水，会使根系呼吸受阻，严重时可使根系窒息、腐烂，影响地上部生长发育，甚至死亡。

平地建园应解决排水问题，地下水位应在2米以下。结果树遇秋雨频繁，会引起青皮早裂，导致坚果变黑，降低坚果的营养和商品价值。

4. 葡萄

葡萄的不同生育期对水分的要求不同。

萌芽期、新梢生长期及果实生长期，水分供应充足，能促进生长，提高产量。葡萄开花期，天气潮湿会影响授粉受精，引起落花落果。浆果成熟期阴雨连绵或湿度过大，会引起葡萄病害严重发生，果实腐烂，浆果含糖量低，品质变劣。葡萄生长后期，雨水过多，新梢生长结束晚，成熟不良，影响越冬。

一般认为，年降雨量在500～800毫米以内的地区，为葡萄的适宜种植区。但我国年降雨量分布不均，多数产区降雨量集中在7、8、9三个月，此时正是葡萄浆果成熟期，高温、高湿对浆果成熟极为不利。在降雨量偏少、有灌溉条件的地区，如我国的河套平原地区，栽培葡萄最为有利。

5. 枣

枣授粉受精要求一定的空气湿度，湿度不足影响授粉受精，落花落果严重。在果实着色至采收以及晾晒过程中雨量过多，易引起浆裂。

枣树的抗旱、耐涝能力最强，如成龄大树能耐长期干旱。地面积水1～2个月枣树仍能存活，甚至还有产量。枣树的永久萎蔫系数在3%以下。

四、土壤

1. 梨

梨对土壤要求不严，沙、壤、黏土都可栽培，以土层深厚、土质疏松、排水良好的沙壤土为好。

梨喜中性偏酸的土壤，适应范围为pH5.8～8.5，最适范围为5.6～7.2。不同砧木对土壤的适应力不同，沙梨、豆梨要求偏酸，杜梨可偏碱。梨亦较耐盐，但在含盐0.3%时即受害。杜梨比沙梨、豆梨耐盐力强。

2. 桃

桃树对土壤的要求不严，以排水良好、通透性强的沙质壤土最适宜。山坡沙质土和砾质土栽培，生长结果易控制，进入结果期早，品质好。

土壤的酸碱度以微酸性至中性为宜，即一般pH5 ～ 6生长最好，当pH低于4或超过8时，生长不良，在偏碱性土壤中易发生黄叶病。

桃树对土壤的含盐量很敏感，土壤中的含盐量在0.4%以上时即会受害，含盐量达0.28%时则会造成死亡。桃对土壤的酸碱度要求以微酸性最好，土壤pH值在5～6最佳；pH值在4～5、6～7也能正常生长。当土壤pH值低于4或高于8时，则严重影响正常生长。在偏碱性土壤中，易发生黄化病。

3. 核桃

核桃适宜生长在背风向阳、土层深厚、水分状况良好的地块。阳坡核桃树的生长量和产量明显高于阴坡和半阳坡树。核桃适宜生长在10°以下的缓坡地带，坡度在10°～25°需要修筑相应的水土保持工程，坡度在25°以上则不能栽植核桃。

4. 葡萄

葡萄对土壤的适应能力很强，适于种植的土壤类型非常广泛，从沙土、壤土到黏土，不论土层深浅和肥力高低，均可种植葡萄。但应避免在重黏土、重盐碱土或干旱无水利设施的土地上种植。

葡萄对土壤的酸碱度适应范围较大（pH5 ～ 8），在pH6.0 ～ 7.5时生长发育最好。土壤pH值超过8.5时，葡萄生长就会受到抑制，甚至死亡；在土壤pH值小于4的酸性土上，葡萄也不能正常生长。栽培葡萄的土壤，一般要求地下水位在1.0米以下。

地势较高、排水良好、土质疏松的沙壤或砾质土的缓坡山地，为葡萄最理想的栽培地势。这种地势阳光充足，紫外线比较强，通风透光，有利于浆果着色和品质的提高。一般山地葡萄比平地葡萄色泽好，含糖量高，品质好。适宜种植葡萄的海拔高度在200 ～ 600米。

通常南坡光照充足、日照时间长，热量大，浆果品质优于北坡，国内外著名的葡萄产地都位于山地南坡。

5. 枣

枣树对土壤的适应能力极强，无论是沙壤土、粉沙土、黏壤土，枣树均能正常生长。

枣对土壤含盐量的适应性较强。如金丝小枣在土壤含盐量0.25%以下时，根系与树体生长均正常，产量较高；当总盐量达到0.3%时，根系生长较差，树体衰弱，产量降低。

枣对土壤酸碱度适应能力较强，在pH为5.5～8.5的土壤，枣树生长结果正常。枣对地势要求不严，平原、沙荒、丘陵山地均可栽植。但在土层深厚、肥沃的土壤栽植的枣树生长健壮，产量高，品质优良，经济寿命长。

第二章

果树施肥原理与技术

第一节 果树施肥原则

一、根据不同树龄的果树生理特点和营养要求施肥

果树定植后生命周期长，营养要求高。不同树龄的果树生理特点和营养要求不同。幼龄期的果树，主要发展树冠和扩大根系。虽然生长量不大，需肥量不多，但对肥料的反应敏感，必须施足磷肥，适当配施氮肥和钾肥；生长结果期，以继续扩大树冠和促进花芽分化为主，应在施用氮肥的基础上，增施磷、钾肥；结果盛期，为优质丰产，施肥时应注意氮、磷、钾配合，提高钾肥比例；衰老期果树，

应多施氮肥，促进更新复壮，延缓衰老。

二、根据树体营养和果实营养要求施肥

果树年生长周期包括营养生长和生殖生长阶段。营养生长和生殖生长协调发展，才能获得高产优质的商品果实。供肥不足，营养生长不良，即使着生较多花芽，也会因营养不足而不能良好发育，造成果少质次；施肥过量，尤其是氮肥过多，会使营养生长过旺、梢叶徒长，花芽分化不良，有的虽然能开花结果，但易生理落果，或坐果果实小且质次；枝叶旺长还会与果实争夺养分，引起果实缺素症并发生生理性病害。施肥时必须考虑枝叶和果实间的营养平衡。

三、考虑繁殖方式（包括砧、穗组合）与营养的关系

除葡萄等浆果类果树采用扦插、压条等单纯的营养繁殖外，目前大多数果树采用嫁接进行繁殖。选用的砧木或接穗以及二者组合的不同，会影响养分的吸收和体内养分的组成。如西洋梨品种接在榅桲砧木上比接在西洋梨本砧上的吸镁多，吸氮、硼少。砧木耐旱、耐脊、耐碱或耐酸的能力，对果树的营养状况有直接影响，如苹果选用小金海棠作碱性或石灰性土壤上的砧木，不易产生缺铁黄叶病。筛选优质的砧、穗组合，可节省肥料，而且可以减轻或克服营养失调症。

四、根据多年生果树的储藏营养特性施肥

在果树的根、干、枝内，储藏着糖类、含氮物质、矿质元素等大量营养物质。这些营养物质在夏末秋初由叶向枝干回运，早春又由储藏器官向新生长点调运并供应前期芽的继续分化和枝叶生长发育的需要。储藏的营养物质对于保证树体健壮、丰产和稳产都具有重要作用。一株成年结果树，在土壤已发生营养缺乏的情况下，可能连续几年表现“正常”生长，并继续结果。但一旦缺素症明显，就会对果园造成严重危害，需要多年才能逐渐矫正。

五、菌根影响果树养分吸收

绝大多数果树根系可与真菌共

生形成菌根（周冲权等，1992）。果树与真菌形成的菌根，对养分的吸收有一定影响，对磷最为明显。

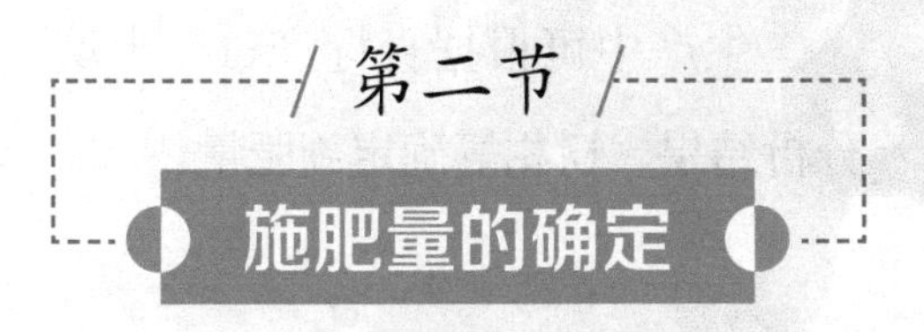

第二节 施肥量的确定

一、理论施肥量

理论施肥量的计算公式为：理论施肥量=（吸收量－土壤供给量）/肥料利用率

式中，施肥量是指某一种元素的施肥量。土壤供给量是土壤对某种元素的供给，可以通过土壤测定得到，肥料吸收率也可通过测定得到。但在运用该公式进行计算时，会遇到一些麻烦的限制因素，如树体到底吸收了多少元素、土壤实际可供给多少，生产者难以掌握。

二、果树施肥量的确定

生产中可根据目标产量、土壤分析结果、树相等确定施肥量。

1. 苹果施肥量

（1）根据目标产量确定施肥量　确定果树施肥量最简单可行的办法是以结果量为基础，再根据品种特性、树势强弱、树龄、立地条件以及诊断的结果等进行调整。

如苹果每年养分的吸收量近似于树体中养分含量与第二年新生组织中养分含量之和。Levin（1980）认为，在苹果上的最佳施肥量是果实带走量的2倍。试验结果表明，每生产100千克苹果，需要补充纯氮（N）0.5～0.7千克、磷（P_2O_5）0.2～0.3千克、钾（K_2O）0.5～0.7千克。如：产量为3000千克的果园需要补充尿素37.5～52.5千克、过磷酸钙50～75千克和硫酸钾30～42千克。

（2）根据树龄确定施肥量　根据试验结果及综合有关资料确定不同树龄的苹果年施肥量供参考（表2-1）。为了方便计算，只列出几种常用的肥料，采用其他肥料可以根据纯养分量进行换算。在生产上提倡采用复合肥或专用肥。

（3）根据土壤分析结果确定施肥量　根据果园土壤有效养分与产量品质关系制定果园土壤分级标准（表2-2）供参考。施肥量确定时，土壤有效养分在中等以下

表2-1 不同树龄苹果的施肥量

单位：千克/亩

树龄/年	有机肥	尿素	过磷酸钙	硫酸钾
1～5	1000～1500	5～10	20～30	5～10
6～10	2000～3000	10～15	30～50	7.5～15
11～15	3000～4000	10～30	50～75	10～20
16～20	3000～4000	20～40	50～100	20～40
21～30	4000～5000	20～40	50～75	30～40
＞30	4000～5000	40	50～75	20～40

表 2-2　果园土壤有机质和养分含量分级指标

项目	极低	低	中等	适宜	较高
有机质/%	＜0.6	0.6～1.0	1.0～1.5	1.5～2.0	＞2.0
全氮（N）/%	＜0.04	0.04～0.06	0.06～0.08	0.08～0.10	＞0.1
速效氮（N）/（毫克/千克）	＜50	50～75	75～95	95～100	＞110
有效磷（P_2O_5）/（毫克/千克）	＜10	10～20	20～40	40～50	＞50
速效钾（K_2O_3）/（毫克/千克）	＜50	50～80	80～100	100～150	＞150
有效锌（Zn）/（毫克/千克）	＜0.3	0.3～0.5	0.5～1.0	1.0～3.0	＞3.0
有效硼（B）/（毫克/千克）	＜0.2	0.2～0.5	0.5～1.0	1.0～1.5	＞1.5
有效铁（Fe）/（毫克/千克）	＜2	2～5	5～10	10～20	＞20

时，要增加25%～50%的量，在中等以上时，要减少25%～50%的量，特别高时可考虑不施该种肥料。

（4）根据树相确定施肥量　树相诊断是果树营养诊断最直观和综合的方法，研究人员把苹果树体划分为3种营养类型，即丰稳树、弱树和旺树。

丰稳树的指标为：修剪后枝条总量每亩7万～9万条，其中长枝比例8%～10%，秋梢占新梢的1/5～1/4；短枝比例60%～70%。

弱树：长枝比例＜5%，短枝比例＞80%。

旺树：长枝比例＞15%，短枝比例＜50%。

旺树须限制施氮肥量，施氮肥量减少20%～50%，以平衡树势；树势特强时，禁止施氮；树势衰弱时，要迅速恢复树势，须在增加施氮肥量和改土的同时，从栽培技术如整形修剪及疏花、疏果等方面入手，以调节树势。

2. 梨树需肥量的确定

树体当年新生器官所需营养和器官质量的增加即为当年树体所需的营养总量。

梨树每生产100千克新根需氮0.63千克、磷（五氧化二磷）0.1千克、钾（氧化钾）0.17千克；每生产100千克新梢需氮0.98千克、磷0.2千克、钾0.31千克；每生产100千克鲜叶需氮1.63千克、磷0.18千克、钾0.69千克；每生产100千克果实需氮0.2～30.45千克、磷0.2～0.32千克、钾0.28～0.4千克。

施肥比例按氮：磷：钾为

2：1：2计；土壤天然供肥量一般氮按树体吸收量的1/3计，磷、钾按树体吸收量的1/2计；肥料利用率氮按50%计，磷按30%计，钾按40%计，最后除以肥料的元素有效含量百分比，即得出每公顷实际施入化肥的数量。

莱阳农学院认为每生产100千克果实，需施氮0.4～0.45千克。

山西果树研究所调查认为，丰产梨树每生产100千克果实，应施氮0.7千克、磷0.4千克、钾0.7千克。

郗荣庭（1994）在河北藁城市进行叶片诊断和配方施肥，结果表明，氮：五氧化二磷：氧化钾以1：0.5：1效果最好，比对照提高可溶性固形物1%以上。

张玉星（1999）使用鸭梨专用有机-无机平衡肥料，每100

千克果实使用4～5千克，一年仅春季开花前施用一次，结果表明，平衡肥可有效提高果实可溶性固形物含量，增加含糖量和糖酸比，果实风味变浓，且显著增大果实。

3. 桃施肥量

桃树每生产100千克的桃果需要吸收的氮量为0.3～0.6千克、吸收的磷量为0.1～0.2千克、吸收的钾量为0.3～0.7千克。一般高产桃园每年的氮肥施用量以纯氮计为20～45千克，磷肥的施用量以五氧化二磷计为4.5～22.5千克，钾肥的施用量以氧化钾计为15～40千克。

桃树需要的微量元素和钙镁硫等营养元素，主要靠土壤和有机肥提供。土壤较瘠薄、施用有机肥少的桃树可根据需要施用微量元素肥料。

4. 核桃施肥量

生产中施肥量的确定，主要依据产量和肥料试验的经验等。一般幼树吸收氮量较多，对磷和钾的需求量偏少。随树龄增长，进入结果期以后，对磷、钾的需要量相应增加，所以幼树应以施氮肥为主，成龄树则应在施氮肥的同时，注意增施磷、钾肥。

核桃幼树施肥量可参照如下标准：晚实核桃　在中等土壤肥力条件下，按树冠垂直投影面积（或冠幅面积）每平方米计算，在结果前的1～5年间，每平方米树冠投影面积年施肥量（有效成分）为：氮素50克，磷和钾各10克；进入结果期的6～10年生树，每平方米树冠投影面积施氮素50克，磷和钾各20克，有机肥5千克。早实核桃一般从栽植第二年开始结果，为了确保树体与产量的同步增长，施肥量应高于晚实核桃。

成年树施肥量　在参考施肥标准时，应适当增加磷、钾肥的施用量，一般按有效成分计，其氮、磷、钾的配比为2∶1∶1。

5. 葡萄施肥量

葡萄是多年生果树，每年用肥量的多少取决于植株生长势、树龄和浆果产量、土壤肥料种类等多方面的因素。一般是弱树、大树多施，产量高的园地多施，瘠薄地、山地、沙荒地宜多施，肥沃地宜少施。每生产1千克葡萄果实需要2～3千克有机肥。前期氮肥的施用量适当大些，后期磷钾肥的施用量适当大些。

国内外的研究资料表明，葡萄园每生产1000千克浆果需吸收有效氮5～10千克，有效磷2～4千克，有效钾5～10千克，氮、磷、钾比例为1∶0.4∶1。

以上数据可作为确定施肥量的依据。

6. 枣施肥量

（1）施肥依据　施肥量需要根据枣树生长结果的需要量、土壤中营养元素含量及自然损耗、上年施肥情况、枣树的生长势等因素综合考虑确定。

（2）枣树的施肥量　一般有机肥按“斤果斤肥”施入，全年施肥量一般按每产100千克鲜枣约需氮1.5千克、磷1.0千克、钾1.1千克计算。

7. 柿施肥量

施肥量应根据品种、树龄、树势、产量和土壤营养状况来决定。我国柿树施肥量缺乏研究，新西兰柿树施肥量也根据树龄来确定。一年生树维持氮、磷、钾的平衡，一般每株年施肥量为氮、磷、钾各50克，镁25克，以后施肥量逐年增加。五年生柿每株年施肥量为氮200克、磷150克、钾200克和镁100克。到盛果期后，施肥量保持一定的水平，成龄柿园（每667平方米产1700千克）年施肥量为氮和钾各8.4千克，磷和镁各4.7千克。柿不同树龄的施肥标准见表2-3。

表 2-3 柿不同树龄的施肥标准

树龄	肥沃土（48 ～ 12株）			普通土（64 ～ 16株）			瘠薄土（64 ～ 32株）		
	氮	磷	钾	氮	磷	钾	氮	磷	钾
1	1.5	1.0	1.0	3.0	2.0	2.0	5.0	3.0	3.0
2	3.0	1.5	1.5	5.0	3.0	3.0	6.5	4.0	4.0
3	3.5	2.0	2.0	6.0	3.5	3.5	8.0	5.0	5.0
4	4.5	3.0	4.5	8.0	5.0	8.0	11.0	6.5	11.0
5	5.5	3.5	5.5	9.0	5.5	9.0	14.0	8.5	14.0
6	6.5	4.0	6.5	10.0	6.0	10.0	15.5	9.0	15.0
7	7.0	4.0	7.0	11.0	6.5	11.0	17.0	10.0	17.0
8	7.5	4.5	7.5	12.0	7.5	12.0	18.0	11.0	18.0

续表

树龄	肥沃土（48 ～ 12株）			普通土（64 ～ 16株）			瘠薄土（64 ～ 32株）		
	氮	磷	钾	氮	磷	钾	氮	磷	钾
9	8.5	5.0	8.5	13.0	8.0	13.0	20.0	12.0	20.0
10	9.0	5.5	9.0	13.5	8.5	13.5	20.5	12.5	20.5
11	9.5	5.5	9.5	14.0	8.5	14.0	21.0	12.5	21.0
12	10.0	6.0	10.0	14.5	9.0	14.5	22.0	13.0	22.0
三要素　幼树	10	6	6	10	6	6	10	6	6
比率　结果树	10	6	10	10	6	10	10	6	10

注：资料引自董风启《中国果树实用新技术大全·落叶果树卷》；各元素的施入量以0.1公顷所需的千克数表示；树龄1～3年为未结果树；种植密度是指667米^{2}的株数。

第三节

施肥时期、方法

一、确定施肥时期的依据

1. 掌握果树需肥时期

果树需肥时期与物候期有关。养分首先满足生命活动最旺盛的器官，随着物候期的进展，分配中心也随之转移。如金冠苹果在萌芽期，花芽中磷含量最多，开花期花中最多，坐果期果实中最多，花芽分化期又以花芽中最多。果树的物候期有重叠现象而影响分配中心的变化，出现养分分配和供需的矛盾。如枣开花与枣吊生长，坐果与枣头生长同时进行，必须补充施肥，才能协调生长和结果的矛盾，提高坐果率，保证产量。掌握果树物候期的进展和养分分配规律，才能适期施肥。

2. 掌握土壤中营养元素和水分变化规律

清耕果园一般春季含氮较少，夏季有所增加；钾含量与氮相似；磷含量则不同，春季多夏秋季较少。土壤营养物质含量与间作物种类和土壤管理制度等有关。如间作豆科作物，春季氮素减少，夏季由于根瘤菌固氮作用而增加。土壤水分缺乏时施肥有害无利。积水或多雨地区肥分易淋洗流失，降低肥料利用率。

3. 掌握肥料的性质

肥料性质则施肥期不同。易流

失挥发的速效性或施后易被土壤固定的肥料，如碳酸氢铵、过磷酸钙等宜在果树需肥稍前施入，迟效性肥料如有机肥料，因腐烂分解后才能被果树吸收利用，应提前施入。同一肥料元素因施用时期效果不一样。前期追施氮肥，苹果着色好而鲜艳，蜡质较多，成熟较早，迫施时期越晚着色越差，蜡质形成不好，成熟期延迟。

二、施肥时期

果树施肥一般分为基肥和追肥两种。

1. 基肥

也常称为底肥，它是在播种（或定植）前结合土壤耕作施入的肥料。施用基肥的作用是培肥和改良土壤，同时也是供给植物整个生长发育时期所需要的养分。通常多用有机肥料，配合一部分化学肥料作基肥。基肥的施用应按照肥土、肥苗、土肥相融的原则施用。

基肥的施用以有机肥料为主的基肥，最宜秋施。秋施基肥的时间，中熟品种以采收后、晚熟品种以采收前为最佳。秋季施用基肥是苹果园施肥制度中的重要环节，也是全年施肥的基础。施用基肥时，要把有机肥料和速效肥料结合施用。有机肥料宜以迟效性和半迟效性肥料为主，如畜禽粪便等，根据结果量一次施足。速效性肥料主要是氮素化肥和过磷酸钙。为了充分发挥肥效，可先将几种肥料一起堆腐，然后拌匀施用。

基肥的施用量按有效成分计算，宜占全年总施肥量的70%左右，其中化肥量应占全年的2/5。

烟台苹果产区基肥中速效氮的施用量一般占全年总施氮量的2/3；另外1/3根据苹果树的生长结果状况，在发芽开花前或花芽分化前追施。周厚基等（1984）根据全国化肥试验结果认为，对于长势较弱的果树，氮肥应以秋施为主，施氮量占全年总施氮量的2/3，以促进树体的营养生长。

2. 追肥

追肥是在果树生长发育期间施入的肥料。施用追肥作用是及时补充植物在生育过程中所需的养分，以促进植物进一步生长发育，提高产量和改善品质，一般以速效性化学肥料作追肥。追肥应因树因地灵活安排。

追肥的次数和时期与气候、土质、树龄等有关。一般高温多雨、沙质土肥料易流失，追肥宜少量多次，相反则追肥次数适当减少。幼树追肥次数宜少，随树龄增长，结果量增多，长势减缓，追肥次数也要增多，以调节生长和结果的矛盾。生产上对成年结果树一般每年追肥约2～4次。但需根据果园具体情况，酌情增减。

（1）根据生长发育周期施用

① 花前追肥　果树萌芽开花需消耗大量营养物质，但早春土温较低，吸收根发生较少，吸收能力也较差，主要消耗树体储存养分。若树体营养水平低，此时氮吧供应不足，则导致大量落花落果，还影响营养生长，对树体不利。

② 花后追肥　在落花后坐果期施用。幼果迅速生长，新梢生长加速，需要氮素营养。追肥可促进新梢生长，扩大叶面积，提高光合

作用，减少生理落果。一般花前肥和花后肥可互相补充，如花前追肥量大，花后也可不施。

③ 果实膨大和花芽分化期追肥　此期部分新梢停止生长，花芽开始分化。追肥可提高光合效能，促进养分积累，利于果实肥大和花芽分化，保证当年产量，为来年结果打下基础。

④ 果实生长后期追肥　解决大量结果造成树体营养物质缺乏和花芽分化的矛盾。晚熟品种后期追肥更必要。

（2）根据树势、树龄、土壤情况施用

① 因树势追肥　旺长树追肥时间应避开营养分配中心的新梢旺长期，提倡“两停”追肥（春梢和秋梢停长期），尤其注重“秋停”追肥，有利于分配均衡、缓和

旺长。“春停”追肥（5下旬至6上旬）正值花芽生理分化期，追肥以铵态氮为主，配合磷钾可促进花芽分化。“秋停”追肥（8中下旬）为秋梢花芽分化和芽体充实期，应结合补氮，以磷钾为主。

衰弱树应在旺长前追施速效肥，以硝态氮为主，有利于促进新梢生长。

结果壮树追肥目的是保证高产、维持树势。萌芽前应以硝态氮为主，有利发芽抽梢、开花坐果；果实膨大期以磷钾为主，配合铵态氮，促进果实发育和着色。采后补肥浇水，恢复树体，增加储备。

② 因树龄追肥　丰产稳产树体结构是苹果管理的目标，施肥不仅要满足苹果生长发育的需要，还要达到调节其树体结构的目的。如生产上的苹果树3种营养类型需要

进行调节的是旺树和弱树。在各种养分中，对树体调节作用明显的是氮肥，在各个时期氮肥的施用上要根据树势进行（表2-4）。

③ 因地追肥　根据土壤类型、保肥能力、营养状况等具体安排

沙质土果园（面沙土、河滩土、沙石土等）因保肥保水力差，易淋溶漏肥，追肥易少量多次浇小水，勤施少施，多用有机态复合肥，防止肥分严重流失。

盐碱地果园因pH偏高，许多营养元素如磷、铁、硼等易被固定，应注重多追施有机速效肥，多追磷肥和微肥，且最好和有机肥混用，多应用生理酸性肥料，如硫酸铵等。

黏质土果园保肥保水力强，但透气性较差。追肥次数可适当减少，注意多配合有机肥（有机质）或局部优化施肥，协调水气矛盾，

表 2-4　不同树势不同时期施肥比例

肥料	旺树			丰产稳产树			弱树		
	采果后	3月中	6月中	采果后	3月中	6月中	采果后	3月中	6月中
氮肥	60%	0%	40%	40%	30%	30%	30%	40%	30%
磷肥	60%	20%	20%	60%	20%	20%	60%	20%	20%
钾肥	20%	40%	40%	20%	40%	40%	20%	40%	40%

提高肥料的有效性。

3. 根外追肥（叶面施肥）

采取根外追肥的措施，对消除果树各物期中某种养分的缺乏症，解决根系吸收养分不足而造成的损失等问题，均有重要作用。

（1）根外追肥的时期和适宜浓度　应在果树的生长季进行，根据树体的生长、结果状况和土壤施肥情况，适当进行根外追肥，可参考表2-5进行。

（2）补救措施　下列特殊情况下，需采用根外追肥措施及时进行补救：

① 秋施基肥严重不足，翌年春萌芽春梢速长时，出现严重脱肥。

② 缺少硼、锌、铁等微量元素时，果树缺素症严重。

③ 果树遭受大自然灾害，根

表2-5 苹果的根外追肥

时期	种类、浓度	作用	备注
萌芽前	2%～3%尿素	促进萌芽，提高坐果率	上年秋季早期落叶树更加重要
	1%～2%硫酸锌	矫正小叶病	主要用于易缺锌的果园
萌芽后	0.3%的尿素	促进叶片转色，提高坐果率	可连续2～3次
	0.3%～0.5%的硫酸锌	矫正小叶病	出现小叶病时应用
花期	0.3%～0.4%硼砂	提高坐果率	可连续喷2次
新梢旺长期	0.1%～0.2%柠檬酸铁	矫正缺铁黄叶病	可连续2～3次

续表

时期	种类、浓度	作用	备注
5～6月	0.3%～0.4%硼砂	防治缩果病	
5～7月	0.2%～0.5%硝酸钙	防治苦痘病，改善品质	在果实套袋前连续喷3次左右
果实发育后期	0.4%～0.5%磷酸二氢钾	增加果实含糖量，促进着色	可连续喷3～4次
采收后至落叶前	0.5%～2%尿素	延续叶片衰老，提高贮藏营养	可连续喷3～4次，浓度前低后高
0.3%～0.5%的硫酸锌	矫正小叶病	主要用于易缺锌的果园	可连续喷3～4次，浓度前低后高
0.5%～2%硼砂	矫正缺硼症	主要用于易缺硼的果园	可连续喷3～4次，浓度前低后高

系严重伤害或生长后期根系老化，吸收功能衰退。

④ 树体地上部遇天灾（旱、涝、冷、病害等）后，为促进树体快速恢复正常生长。

⑤ 树行间套作其他果树，无法开沟施肥。

三、施肥方法

（1）全园施肥　将肥料均匀撒于地面，然后翻入土中，深20厘米，适用于成龄果园和密植园。

（2）环状沟施肥　是在树冠外围垂直的地面上，挖一环状沟，深、宽各30～60厘米，施肥后覆土踏实。来年再施肥时可在第一年施肥沟的外侧再挖沟施肥，以逐年扩大施肥范围（图2-1）。

（3）放射状沟施　放射状施肥是在距树木一定距离处，以树

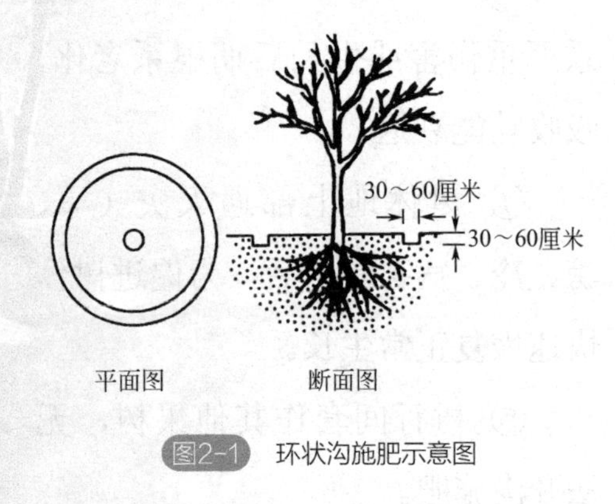

图2-1 环状沟施肥示意图

干为中心，向树冠外围挖4～8条放射状直沟，沟深、宽各50厘米，沟长与树冠相齐，肥料施在沟内，来年再交错位置挖沟施肥（图2-2）。

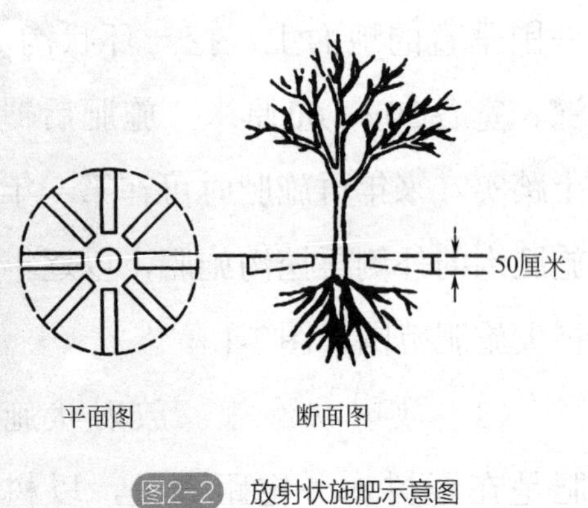

图2-2 放射状施肥示意图

（4）条状沟施肥　行间或株间开沟，长100厘米、宽30～40厘米，深度40厘米，将有机肥和土混匀后填回沟内。

四、追肥

追肥应结合浇水进行。

（1）撒施　将肥料均匀撒入树盘内，然后浇透水。

（2）穴施　每树盘内树冠投影下方均匀挖6～10个坑，施肥后灌水。

第三章

果树生产常用肥料

第一节 有机肥料

一、有机肥特点

有机肥料是指肥料中含有较多有机物的肥料，一般做基肥使用，施入果树根系集中分布层。有机肥也称完全肥料。

（1）所含营养元素比较全面，除含主要元素外，还含有微量元素和许多生理活性物质，包括激素、维生素、氨基酸、葡萄糖、DNA、RNA、酶等。

（2）有机肥料在土壤中逐渐被微生物分解，养分释放缓慢，肥效期长，有机质转变为腐殖质后，能改善土壤的理化性质，提高土壤肥力，其养分比较齐全，属完全性肥料，是果树的基本肥料。多数有机肥料需要通过微生物的分解释放才能被果树根系所吸收，是迟效性肥料，多作基肥使用。

二、种类

常用的有机肥料有厩肥、堆肥、禽粪、鱼肥、饼肥、人粪尿、土杂肥、绿肥等，主要养分含量见表3-1。

三、作用

1. 有机肥中含有果树生长需要的大量营养元素、微量元素

有机肥中含有果树生长需要的大量营养元素氮、磷、钾、钙、镁、硫等，还含有果树营养生

表3-1　常用有机肥料主要养分含量

肥料种类	氮/%	磷/%	钾/%	肥料种类	氮/%	磷/%	钾/%
厩肥	0.5	0.25	0.5	苕子	0.56	0.63	0.43
人粪	1.0	0.36	0.34	紫云英	0.48	0.09	0.37
人尿	0.43	0.06	0.28	田菁	0.52	0.07	0.15
人粪尿	0.5 ~ 0.8	0.2 ~ 0.6	0.2 ~ 0.3	草木犀	0.52 ~ 0.6	0.04 ~ 0.12	0.27 ~ 0.28
猪粪	0.60	0.40	0.44	苜蓿	0.79	0.11	0.40
马粪	0.50	0.30	0.24	芝麻	1.94	0.23	2.2 ~ 5
牛粪	0.32	0.21	0.16	蚕豆	0.55	0.12	0.45
羊粪	0.65	0.47	0.23	绿豆	2.08	0.52	3.90
鸡粪	1.63	1.54	0.85	紫穗槐	3.02	0.68	1.81
鸭粪	1.00	1.40	0.62	大豆	0.58	0.08	0.73
鹅粪	0.55	0.54	0.95	豌豆	0.51	0.15	0.52

续表

肥料种类	氮/%	磷/%	钾/%	肥料种类	氮/%	磷/%	钾/%
鸽粪	1.76	1.78	1.00	花生	0.43	0.09	0.36
土粪	0.17 ~ 0.53	0.21 ~ 0.60	0.81 ~ 1.07	箭筈豌豆	0.54	0.06	0.30
蚕渣	2.64	0.89	3.14	红三叶	0.36	0.06	0.24
城市垃圾	0.25 ~ 0.40	0.43 ~ 0.51	0.70 ~ 0.80	大叶猪			
垃圾土	0.2 ~ 0.31	0.16	0.37 ~ 0.46	猪屎豆	0.57	0.07	0.17
泥粪	2.0	0.3	0.45	怪麻	0.78	0.15	0.30
河泥	0.44	0.29	2.16	秣食豆	0.58	0.14	0.41
棉籽饼	5.6	2.5	0.85	沙打旺	0.49	0.16	0.20
菜籽饼	4.6	2.5	1.4	紫穗槐	0.88	0.41	0.88
花生饼	6.4	1.1	1.9	大米草	0.25	0.21	0.16
茶籽饼	1.64	0.32	0.4	肥田萝卜	0.36	0.05	0.36

续表

肥料种类	氮/%	磷/%	钾/%	肥料种类	氮/%	磷/%	钾/%
蓖麻饼	4.98	2.06	1.90	小麦草	0.48	0.22	0.63
桐籽饼	3.60	1.30	1.30	玉米秸	0.48	0.38	0.64
蚕豆饼	1.6	1.3	0.4	稻草	0.63	0.11	0.85
玉米秆	0.5	0.4	1.6	满江红	0.19	0.03	0.08
草灰	—	1.6	4.6	细绿萍	0.26	0.09	0.21
木灰	—	2.5	7.5	水葫芦	0.12	0.06	0.36
谷壳灰	—	0.8	2.9	水花生	0.21	0.09	0.85
普通堆肥	0.4 ～ 0.5	0.18 ～ 0.26	0.45 ～ 0.70	水浮莲	0.09	0.10	0.35
				水草	0.87	0.50	2.36

长所需要微量元素如锌、铁、硼、锰等。

2. 有机肥可改善土壤的物理性质

将有机肥与土壤混合后，有机肥中的有机质与土壤中的固体颗粒相互交接，生成团粒结构，使土粒间的黏结力下降，可降低根系的生长阻力，有利于根系的延伸及对养分的吸收利用。

3. 有机肥可提高土壤对养分的缓冲能力，提高肥效

有机肥中的有机物质在分解过程中产生大量的有机酸和腐殖酸类物质。这些酸性物质能促进土壤中所含的磷、铁、锌等植物必需营养元素的释放，还可与施入的尿素、碳酸氢铵等结合，将其吸附于酸性物质的表面降低土壤溶液中的铵离

子浓度，防止大量施用铵态氮肥较易发生的根系氨中毒；减少氮肥的挥发和淋溶损失。吸附固定的氮肥可在果树的生长过程中不断释放，均衡供给果树吸收利用。

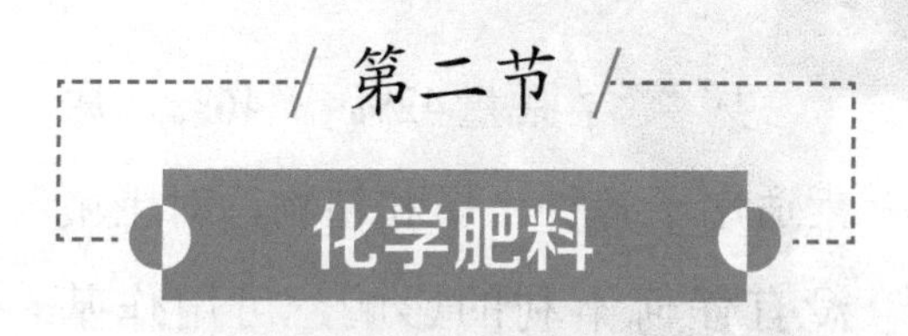

第二节 化学肥料

又称无机肥料，成分单纯，某种或几种特定矿质元素含量高，肥料能溶解在水里，易被果树直接吸收，肥效快，但施用不当，可使土壤变酸、变碱，土壤板结。一般做追肥用，应结合灌水施用。在化肥中按所含养分种类又分为氮肥、磷肥、钾肥、钙镁硫肥、复合肥料、微量元素肥料等。

一、氮肥

常用的氮肥有尿素、碳酸氢铵、硝酸铵、磷酸铵、磷酸二氢铵、磷酸氢二铵等。

1. 尿素

尿素含氮量42% ～ 46%。尿素适用于各种土壤和植物，对土壤没有任何不利的影响，可用作基肥、追肥或叶面喷施。

2. 碳酸氢铵

简称碳铵，含氮量17%左右。碳铵适用于各种土壤，宜作基肥和追肥，应深施并立即覆土，切忌撒施地表，其有效施用技术包括底肥深施、追肥穴施、条施、秋肥深施等。

3. 硫酸铵

简称硫铵，含氮量20% ～

21%。硫铵适用于各种土壤，可作基肥、追肥和种肥。酸性土壤长期施用硫酸铵时，应结合施用石灰，以调节土壤酸碱度。

二、磷肥

常用的磷肥有过磷酸钙、重过磷酸钙、钙镁磷肥、磷矿粉等。

1. 过磷酸钙

又称普钙。可以施在中性、石灰性土壤上，可作基肥、追肥，也可作根外追肥。注意不能与碱性肥料混施，以防酸碱性中和，降低肥效。主要用在缺磷土壤上，施用要根据土壤缺磷程度而定，叶面喷施浓度为1%～2%。

2. 重过磷酸钙

又称重钙。重钙的施用方法与

普钙相同，只是施用量酌减。在等磷量的条件下，重钙的肥效一般与过磷酸钙相差无几。

3. 钙镁磷肥

适用于酸性土壤，肥效较慢，作基肥深施比较好。与过磷酸钙、氮肥不能混施，但可以配合施用，不能与酸性肥料混施，在缺硅、钙、镁的酸性土壤上效果好。

4. 磷酸一铵和磷酸二铵

是以磷为主的高浓度速效氮、磷二元复合肥，适用于各种土壤，主要作基肥。

三、钾肥

常用的钾肥有硫酸钾、窑灰钾肥等。

1. 硫酸钾

含氧化钾 50% ~ 52%，为生理酸性肥料，可作种肥、追肥和底肥、根外追肥。

2. 窖灰钾肥

是热性肥料，可作基肥或追肥，适宜用在酸性土壤上，施用时应避免与根系直接接触。

四、复合肥料

凡含有氮、磷、钾三种营养元素中的两种或两种以上元素的肥料总称复合肥。含两种元素的叫二元复合肥，含3种元素的叫三元复合肥。复合肥肥效长，宜做基肥。若复合肥施用过量，易造成烧苗现象。

复合肥具有物理性状好、有效成分高、储运和施用方便等优点，且可减少或消除不良成分对果树和土壤的不利影响。

常用的复合肥有磷酸一铵、磷酸二铵、硝酸磷肥、磷酸二氢钾及多种掺混复合肥。

五、微量元素肥料

是指提供植物微量元素的肥料，如铜肥、硼肥、钼肥、锰肥、铁肥和锌肥等都称为微肥。常用的微肥有硫酸锌、硫酸亚铁、硫酸锰、硼砂、钼酸铵等。

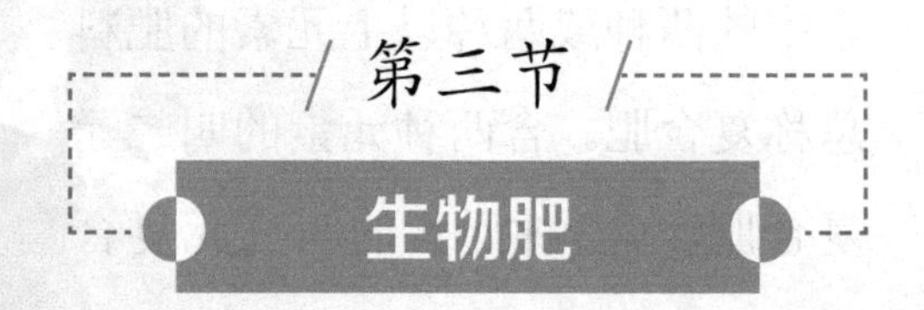

第三节 生物肥

一、生物肥概念

是指一类含有大量活的微生物的特殊肥料。生物肥料施入土壤中，大量活的微生物在适宜条件下能够积极活动，有的可在果树根系周围大量繁殖，发挥自生固氮或联合固氮作用；有的还可分解磷、钾矿物质元素供给果树吸收或分泌生长激素刺激果树生长。所以生物肥料不是直接供给果树需要的营养物质，而是通过大量活的微生物在土壤中的积极活动来提供果树需要的营养物质或产生激素来刺激果树生长。

二、特点

由于大多数果树的根系都有菌根共生现象，果树根系的正常生长需要与土壤中的有益微生物共生，互惠互利。

有些特定的微生物在代谢过程中产生生长素和赤霉素类物质，能够促进果树根系的生长；也有些种类的微生物能够分解土壤中被固定的矿质营养元素，如磷、钾、铁、钙等，使其成为游离状态，能顺利地被根系吸收和利用。有益微生物也能从根系内吸收部分糖和有机营养，供自身代谢和繁殖需要，形成共生关系。

为了促进果树根系的发育和生长，生产上要求果园有必要每年或隔年施入一定量的腐熟有机肥（含大量有益微生物）或生物肥。

三、种类

生物肥料的种类很多，生产上应用的主要有根瘤菌类肥料、固氮菌类肥料、解磷解钾菌类肥料、抗生菌类肥料和真菌类肥料等。这些生物肥料有的是含单一有效菌的制品，也有的是将固氮菌、解磷解钾菌复混制成的复合型制品，目前市场上大多数制品都是复合型的生物肥料。

使用生物肥料应注意以下问题：

① 产品质量　检查液体肥料的沉淀与否、浑浊程度；固体肥料的载体颗粒是否均匀，是否结块；生产单位是否正规，是否有合格证书等。

② 及时使用、合理施用　生物肥料的有效期较短，不宜久存，一般可于使用前2个月内购回，若有条件可随购随用。还应根据生物肥料的特点并严格按说明书要求施用，须严格操作规程。喷施生物肥时，效果在数日内即较明显，但微生物群体衰退很快，应予及时补施，以保证其效果的连续性和有效性。

③ 注意储存环境注意与其他

药、肥分施。要做到不得阳光直射、避免潮湿、干燥通风等。在没有弄清其他药、肥的性质以前，最好将生物肥料单独施用。

第四章

果树土壤改良培肥与管理

第一节 果园土壤管理技术

一、优质丰产果园对土壤的要求

土壤是果树的重要生态环境条件之一，土壤的理化性状与管理水平，与果树的生长发育与结果密切相关。

1．果园土壤管理的目的

（1）扩大根域土壤范围和深度，为果树生长创造良好的土壤生态环境。

（2）供给并调控果树从土壤中吸收水分和各种营养物质。

（3）增加土壤有机质和养分，增强地力。

（4）疏松土壤，使土壤透气性良好，以利于根系生长。

（5）搞好水土保持，为苹果树丰产优质打基础。

2. 优质高效果园需要的土壤条件

要求土层深厚，土壤固、液、气三相物质比例适当，质地疏松，温度适宜，酸碱度适中，有效养分含量高。生产中应根据果树生长的需要进行土壤改良，为根系生长创造理想的根际土壤环境。

（1）具有一定厚度（60厘米以上）的活土层　果树根系集中分布层的范围越广，抵抗不良环境、供应地上部营养的能力就越强，为达到优质、丰产的目的，应为根系创造最适生态层，土壤应具有一定厚度（60厘米以上）的活土层。

（2）土壤有机质含量高　高产果果园土壤要求有机质含量高，团粒结构良好。有机质经土壤微生物分解后能不断释放果树需要的各种营养元素以满足供果树需要；有机质能加速微生物繁殖，加快土壤熟化，维持土壤的良好结构；有机质被微生物分解后部分转变成腐殖质，成为形成团粒结构的核心，大量的营养元素吸附在其表面，肥力持久。优质高产园土壤有机质含量至少要达到1%以上。

（3）土壤疏松、透气性强，排水性好　果树根系的呼吸、生长及其他生理活动都要求土壤中有足够的氧气，土壤缺氧时树体的正常呼吸及生理活动受阻，生长停止。优质丰产果园应土壤疏松、透气、排水性好，以保证根系正常生理活动。

二、不同类型土壤肥力的特点

1. 砂质土

（1）砂质土含砂粒多，黏粒少，粒间多为大孔隙，但缺乏毛管孔隙，所以透水排水快，但土壤持水量小，蓄水抗旱能力差。

（2）砂质土中主要矿物为石英，养分贫乏，又因缺少黏土矿物，保肥能力弱，养分易流失。

（3）砂质土通气性良好，好氧微生物活动强烈，有机质分解快，因而有机质的积累难而含量较低。

（4）砂质土水少气多，土温变幅大，昼夜温差大，早春土温上升快，称热性土。砂质土夏天最高温可达60℃以上，过高的土表温度不仅直接灼伤植物，也造成干热的近地层小气候，加剧土壤和植物的失水。

（5）砂质土疏松，易耕作，但耕作质量差。

（6）对砂质土施肥时应多施未腐熟的有机肥，化肥施用则宜少量多次。在水分管理上，要注意保证水源供应，及时进行小定额灌溉，防止漏水漏肥，并采用土表覆盖以减少水分蒸发。

2. 黏质土

（1）黏质土含砂粒少，黏粒多，毛管孔隙发达，大孔隙少，土壤透水通气性差，排水不良，不耐涝。虽然土壤持水量大，但水分损失快，耐旱能力差。

（2）通气性差，有机质分解缓慢，腐殖质累积较多。

（3）黏质土含矿质养分较丰富，土壤保肥能力强，养分不易淋失，肥效来得慢，平稳而持久。

（4）黏质土土温变幅小，早春土温上升缓慢，属冷性土。

（5）黏质土往往黏结成大土块，犁耕时阻力大，土壤胀缩性强，干时田面开大裂、深裂，易扯伤根系。

（6）施肥时应施用腐熟的有机肥，化肥一次用量可比砂质土多。在雨水多的季节要注意沟道通畅以排除积水，夏季伏旱注意及时灌溉。

3. 壤质土

（1）壤质土所含砂粒、黏粒比例较适宜，有砂质土的良好通透性和耕性的优点，又有黏土对水分、养分的保蓄性，肥效稳而长等优点。

（2）壤土类土壤对农业生产来

说一般较理想。

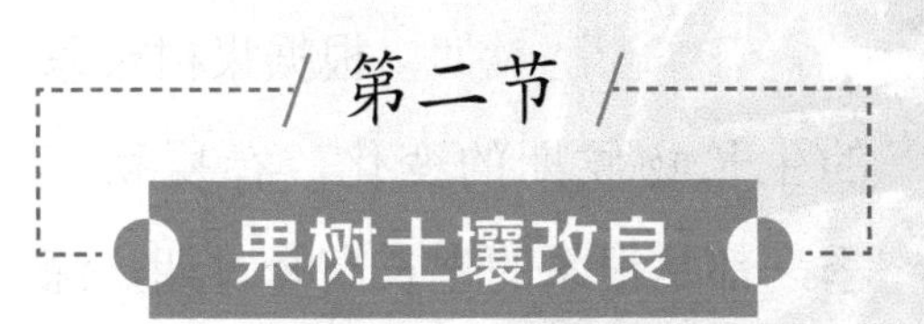

一、果园土壤改良方法

建在山地、丘陵、沙砾滩地、盐碱地的果园，土壤瘠薄、结构不良、有机质含量低，土质偏酸或偏碱，对果树生长不利，必须在栽植前后至幼树期对土壤进行改良，改善、协调土壤的水、肥、气、热条件，提高土壤肥力。一般采取适度深翻的方法。

对土壤厚度不足50厘米，下层为未风化层的瘠薄山地，或三四十厘米以下有不透水黏土层的沙地或河滩地。应重视果园的土壤改良。如果园土壤为疏松深厚的沙质壤土，不需要深翻。

（1）深翻时期　根据果树根系的生长物候期的变化，春夏秋三季，都是根系的生长高峰时期，深翻伤根后伤口的愈合并能迅速恢复生长。

① 春季深翻　土壤刚刚解冻，土质松软，春季果树需水多，伤根太多会造成树体失水，影响春天果树开花和新梢生长。

② 夏季深翻　夏季高温，根系生长快，雨量多，深翻后伤根愈合快。夏季深翻可结合压绿肥，减少新梢生长速度。秋季深翻一般在9月中旬开始，入冬前结束。

（2）深翻方法　生产上常用的深翻方法有深翻扩穴和隔行深翻等，深翻深度40～60厘米，深翻沟要在距树干1米往外，以免伤大根。深翻时，表土、心土要分开堆放。回填时先在沟内埋有机物（如作物秸秆等），把表土与有机肥混匀先填入沟内，心土撒开。每次深翻沟要与以前的沟衔接，不留隔离带。

（3）深翻注意事项

① 切忌伤根过多，以免影响地上部生长。深翻中应特别注意不要切断1厘米以上的大根。

② 深翻结合施有机肥，效果好。

③ 随翻随填，及时浇水，根系不能暴露太久。干旱时期不能深翻，排水不良的果园深翻后及时打通排水沟，以免积水引起烂根。地下水位高的果园，主要是培土而不是深翻，更重要的是深挖排水沟。

④ 做到心土、表土互换，以

利心土风化、熟化。

二、果园不同土壤类型改良

1. 山地红黄壤果园改良

（1）特点

① 红黄壤广泛分布于我国长江以南丘陵山区。该地区高温多雨，有机质分解快、易淋洗流失，而铁、铝等元素易于积累，使土壤呈酸性反应，同时有效磷的活性降低。

② 由于风化作用强烈，土粒细，土壤结构不良，水分过多时，土粒吸水成糊状。

③ 干旱时水分容易蒸发散失，土块又易紧实坚硬。

（2）改善红黄壤的理化性状的措施

① 作好水土保持工作　红黄

壤结构不良，水稳性差，抗冲刷力弱，应做好水土保持工作。

② 增施有机肥料　红黄壤土质瘠薄，缺乏有机质，土壤结构不良。增加有机肥料是改良土壤的根本性措施，如增施厩肥、大力种植绿肥等。

③ 施用磷肥和石灰　红黄壤中的磷素含量低，有机磷更缺乏，增施磷肥效果良好。在红黄壤中各种磷肥都可施用，但目前多用微酸性的钙镁磷肥。

红黄壤施用石灰可以中和土壤酸度，改善土壤理化性状，加强有益微生物活动，促进有机质分解，增加土壤中速效养分，施用量每亩约50～75千克。

2. 盐碱地果园土壤改良

（1）特点

① 土壤的酸碱度可影响果

树根系生长，要求中性到微酸性土壤。

② 果树耐盐能力较差。土壤中盐类含量过高，对果树有害，一般硫酸盐不能超过0.3%。

③ 在盐碱地果树根系生长不良，易发生缺素症，树体易早衰，产量也低。

（2）改良措施　在盐碱地栽植果树必须进行土壤改良。措施有如下几种：

① 设置排灌系统　改良盐碱地主要措施之一是引淡洗盐。在果园顺行间隔20～40米挖一道排水沟，一般沟深1米，上宽1.5米，底宽0.5～1.0米。排水沟与较大较深的排水支渠及排水干渠相连，使盐碱能排到园外。园内定期引淡水进行灌溉，达到灌水洗盐的目的。达到要求含盐量（0.1%）后，

应注意生长期灌水压碱，中耕、覆盖、排水，防盐碱上升。

② 深耕施有机肥　有机肥料除含果树所需要的营养物质外，并含有机酸，对碱能起中和作用。有机质可改良土壤理化性状，促进团粒结构的形成，提高土壤肥力，减少蒸发，防止返碱。天津清河农场经验，深耕30厘米，施大量有机肥可缓冲盐害。

③ 地面覆盖　地面铺沙、盖草或其他物质，可防止盐上升。山西文水葡萄园干旱季节在盐碱地上铺10～15厘米沙，可防止盐碱上升和起到保墒的作用。

④ 营造防护林和种植绿色作物　防护林可以降低风速，减少地面蒸发，防止土壤返碱。种植绿色植物，除增加土壤有机质、改善土壤理化性质外，绿肥的枝叶覆盖地

面，可减少土壤蒸发，抑制盐碱上升。

⑤ 中耕除草　中耕可锄去杂草，疏松表土，提高土壤通透性，又可切断土壤毛细管，减少土壤水分蒸发，防止盐碱上升。施用石膏等对碱性土的改良也有一定作用。

3. 沙荒及荒漠土果园改良

我国黄河中下游的泛滥平原，最典型的为黄河故道地区的沙荒地。

（1）特点

① 其组成物主要是沙粒，沙粒的主要成分为石英，矿物质养分稀少，有机质极其缺乏。

② 导热快，夏季比其他土壤温度高，冬季又比其他土壤冻结厚。

③ 地下水位高，易引起涝害。

（2）改土措施

① 开排水沟降低地下水位，

洗盐排碱；

② 培泥或破淤泥层；

③ 深翻熟化；增施有机肥或种植绿肥；

④ 营造防护林；

⑤ 有条件的地方试用土壤结构改良剂。

三、幼龄果园土壤管理制度

幼龄果园一般是指3年以前的果园。

1. 幼树树盘管理

（1）幼树树盘即树冠投影范围。树盘内的土壤可以采用清耕或清耕覆盖法管理。耕作深度以不伤根系为限。有条件的地区，可用各种有机物覆盖树盘。覆盖物的厚度，一般在10厘米左右。如用厩肥、稻草或泥炭覆盖还可薄一些。

（2）夏季给果树树盘覆盖，降低地温的效果较好。

（3）沙滩地树盘培土，既能保墒又能改良土壤结构，减少根系冻害。

2. 果园间作

幼龄果园行间空地较多可间作。

（1）好处

① 果园间作可形成生物群体，群体间可相依存，还可改善微域气候，有利于幼树生长，并可增加收入，提高土地利用率。

② 合理间作既充分利用光能，又可增加土壤有机质，改良土壤理化性状。如间作大豆，除收获豆实外，遗留在土壤中的根、叶，每亩（1亩=667米^2）地可增加有机质约17.5千克。利用间作物覆盖地面，

可抑制杂草生长，减少蒸发和水土流失，防风固沙，缩小地面温变幅度，改善生态条件，有利于果树的生长发育。

（2）间作物要求及管理

① 间作物要有利于果树的生长发育，在不影响果树生长发育的前提下，种植间作物。

② 应加强树盘肥水管理，尤其是在间作物与果树竞争养分剧烈的时期，要及时施肥灌水。

③ 间作物要与果树保持一定距离，尤其是播种多年生牧草更应注意。因多年生牧草根系强大，应避免其根系与果树根系交叉，加剧争肥争水的矛盾。

④ 间作物植株要矮小，生育期较短，适应性强，与果树需水临界期错开。

⑤ 间作物应与果树没有共

同病虫害，比较耐荫和收获较早等。

（3）适宜苹果园间种作物

① 以豆类（包括花生）最好。薯类、瓜类、谷等也可。有肥水条件的地区也可间作草莓。

② 不宜种植高粱、玉米等高秆作物，易遮光又与苹果树争夺肥水，喷药等也不方便；也不宜种植秋季蔬菜，蔬菜生长期施肥灌水，造成苹果幼树贪长，抗寒性差，容易受冻。

③ 为了缓和树体与间作物争肥、争水、争光的矛盾，又便于管理，果树与间作物间应留出足够的空间。当果树行间透光带仅有1～1.5米时应停止间作。

④ 长期连作易造成某种元素贫乏，元素间比例失调或在土壤中遗留有毒物质，对果树和间作物

生长发育均不利。为避免间作物连作所带来的不良影响。需根据各地具体条件制定间作物的轮作制度。

四、成年果园土壤管理制度

成年果园是指5年以上的果园。

成年果园的土壤管理制度有以下几个方面。

1. 清耕

园内不种作物，经常进行耕作，使土壤保持疏松和无杂草状态。果园清耕制是一种传统的果园土壤管理制度，目前生产中仍被广泛应用。

（1）方法　果园土壤在秋季深耕，春季浅耕，生长季多次中耕除草，耕后休闲。

① 秋季深耕

a. 在新梢停长后或果实采收后进行。此时地上部养分消耗减少，树体养分开始向下运转，地下部正值根系秋季生长高峰，被耕翻碰伤的根系伤口可以很快愈合，并能长出新根，有利于树体养分的积累。

b. 由于表层根被破坏，促使根系向下生长，可提高根系的抗逆性，扩大吸收范围。

c. 通过耕翻可铲除宿根性杂草及根蘖，减少养分消耗。

d. 耕翻有利于消灭地下越冬害虫。

e. 在雨水过多的年份，秋季耕翻后，不耙平或留“锨窝”。可促进蒸发，改善土壤水分和通气状况，有利于树体生长发育；在低洼盐碱地留“锨窝”，还可防止返碱。

f. 耕翻深度一般为20厘米左右。

② 春季浅翻

a. 在清明到夏至之间对土壤进行浅翻，深10厘米左右。

b. 此时是新梢生长、坐果和幼果膨大时期，经浅耕有利于土壤中肥料的分解，也有利于消灭杂草及减少水分的蒸发，促进新梢的生长、坐果和幼果的膨大。

③ 中耕除草　生长季节，果园在雨后或灌溉后须进行中耕除草，以疏松表土、铲除杂草、防止土壤水分的蒸发。

（2）果园清耕制的优缺点

① 优点

a. 清耕法可使土壤保持疏松通气，促进微生物繁殖和有机物分解，短期内显著增加土壤有机态氮素。

b．耕锄松土，可除草、保肥、保水。

c．有效控制杂草，避免杂草与果树争夺肥水的矛盾。

d．能使土壤保持疏松通气，促进微生物的活动和有机物的分解，短期内提高速效性氮素的释放，增加速效性磷、钾的含量。

e．利于行间作业和果园机械化管理。

f．消灭部分寄生或躲避在土壤中的病虫。

② 缺点

a．果园长期清耕会使果园的生物种群结构发生变化，一些有益的生物数量减少，破坏果园的生态平衡。

b．破坏土壤结构，使物理性状恶化，有机质含量及土壤肥力下降。

c．长期耕作使果实干物质减少，酸度增加，储藏性下降。

d．坡地果园采用清耕法在大雨或灌溉时易引起水土流失；寒冷地区清耕制果园的冻害加重，幼树的抽条率高。

e．清耕法费工、劳动强度大。

③ 使用条件　果园清耕制一般适应于土壤条件较好、肥力高、地势平坦的果园。果园不宜长期应用清耕制，也不能连年应用，应用清耕制要注意增施有机肥。

2．生草法

生草法是指除树盘外，在果树行间播种禾本科、豆科等草种的土壤管理方法。生草法在土壤水分较好的果园可以采用。

（1）优缺点评价

① 优点

a. 生草后土壤不进行耕锄，土壤管理较省工。

b. 可减少土壤冲刷，留在土壤中的草根可增加土壤有机质，改善土壤理化性状，使土壤能保持良好的团粒结构。

c. 在雨季，生草果园消耗土壤中过多水、养分，可促进果实成熟和枝条充实，提高果实品质。

② 缺点

a. 长期生草的果园易使表层土板结，土壤的通气性受影响；

b. 草的根系强大，在土壤上层分布密度大，截取下渗水分，消耗表土层氮素，使果树根系上浮，与果树争夺水肥的矛盾加大，可通过控制草的高度，同时在果树生长和结果的关键时期增施肥水等方法加以解决。

（2）生草方法　有人工种草和自然生草两种方法。

① 人工种草　根据果园的自然条件选择适宜的草种进行人工栽培。采用生草制的果园多采用人工种草。

② 自然生草　果园自然长出的各种杂草，通过自然相互竞争和连续刈割，最后剩下几种适于当地自然条件的草种，实现果园生草的目的。

（3）生草的种植形式

① 生草-清耕制　即行间生草、行内（株间）清耕制，在果树行间播种草种，播种的宽度取决于树冠的大小、整形方式和机械作业要求，一般为果树行距的2/3；行内采用清耕的方法。

② 生草-覆盖制　即行间生草、行内覆盖制。多采用行间生草，每年对行间种植的草多次刈割，用刈割的草在行内覆盖。

③ 生草-清耕轮换制　隔一行或数行生草，其他行间清耕，一年或数年进行倒茬轮换的种植形式。

④ 全园生草制　即在果树的行间与株间均生草的土壤管理制度。

（4）草种及草的栽培要点　果园草种主要是多年生牧草和禾本科植物。常见较好的草种有白三叶草、紫花苜蓿、多年生黑麦草、毛叶苕子等。

① 白三叶草　也叫白车轴草，荷兰翘摇，为豆科三叶草属多年生宿根性草本植物。白三叶草喜温暖湿润气候，较其他三叶草适应性强。气温降至0℃时部分老叶

枯黄，小叶停止生长，但仍保持绿色；耐热性也很强，35℃左右的高温不会萎蔫。生长最适温度为19～24℃。较耐阴，在果园生长良好，但在强遮阴的情况下易徒长。对土壤要求不严格，耐瘠、耐酸，不耐盐碱。耐践踏，耐修剪，再生力强。

白三叶草种子细小，播前需精细整地，翻耕后施入有机肥或磷肥，可春播也可秋播，北方地区以秋播为宜。果园每亩播种量为1千克以上，多用条播，也可撒播，覆土要浅，1厘米左右即可。播种前可用三叶草根瘤菌拌种，接种根瘤菌后，三叶草长势旺盛，固氮作用增强。

白三叶草的初花期即可刈割。花期长，种子成熟不一致，利用部分种子自然落地的特性，果园可达到自然更新，长年不衰。

白三叶草生长快，有匍匐茎，能迅速覆盖地面，草丛浓厚，具根瘤。白花三叶草植株低矮，一般30厘米左右，长到25厘米左右时进行刈割，刈割时留茬不低于5厘米，以利再生。每年可刈割2～4次，割下的草可就地覆盖。每次刈割后都要补充肥水。生草3年左右后草已老化，应及时翻耕，休闲1年后，重新播种。

② 紫花苜蓿　豆科多年生宿根性草本植物。紫花苜蓿喜温暖半干燥性气候，抗寒、抗旱、耐瘠薄、耐盐碱，但不耐涝。种子发芽的最低温度为5℃，幼苗期可耐−6℃的低温，植株能在−30℃的低温下越冬，对土壤要求不严。

播种前施入农家肥及磷肥作

底肥，以利根瘤形成。苜蓿种子细小，应精细整地，深耕细耙。可春播和夏播。春季墒情好时可早春播种，在春季干旱、风沙多的地区宜雨季播种，一般每亩用种量1千克，播种深度2～3厘米，采用条播，行距25～50厘米。

紫花苜蓿一般可利用5～7年，一年可刈割3～4茬，留茬高度5厘米，在第二年和第三年，年产鲜草达5000～7000千克，最佳收割期为始花期。苜蓿耗水量大，在干旱季节、早春和每次刈割后灌溉，能显著提高苜蓿产量。

③ 多年生黑麦草　多年生黑麦草为禾本科黑麦草属多年生草本植物。多年生黑麦草喜温暖湿润气候，适于年降雨量700～1500毫米地区，生长最适温度20～25℃，

不耐炎热，35℃以上生长不良；抗旱性差，适宜在肥沃、潮湿、排水良好的壤土和黏土上种植，不宜在沙土上种植。

多年生黑麦草种子细小，播种前应精细整地、施足底肥。春、秋均可播种，以秋播为宜，播种量1～1.5千克/亩，撒播和条播均可，条播行距25～30厘米，播种深度2厘米左右。

刈割应在抽穗前或抽穗期进行，每次刈割后要追肥，以氮肥为主。多年生黑麦草一般寿命4～5年，须根发达，有良好的保持水土作用。

④ 毛叶苕子 毛叶苕子俗名兰花草、苕草、野豌豆等，豆科巢菜属，一年生或越年生草本植物。苕子根上着生根瘤，固氮能力强。

苕子的根系发达，吸收水分的

能力极强，叶片小，全株着生茸毛，抗旱能力较强，在各类土壤上都能生长，但以在排水良好的壤质土上生长较好。苕子的抗寒性较强，除我国东北、西北高寒地区外，大多数地区可以安全越冬。苕子耐阴性较好，适于果园间作；苕子的再生能力强，如果在蕾期刈割，伤口下的腋芽可萌发成枝蔓。

毛叶苕子一般采用春播或秋播的方法，冬季不能越冬的地区实行春播；冬季能安全越冬的地区最好秋播。

果园种植毛叶苕子要求土壤耙平、整细。由于种皮坚硬，不易吸水发芽，为提高种子的发芽率，播种前要进行种子处理：用60℃的水浸种5～6小时，捞出，晾干后播种。在播种前用根瘤菌拌种可提高鲜草产量和固氮的能力。果园间种毛叶苕子，以条播为宜，行距25～30厘米，每亩播种量5千克左右。

在苕子的盛花期就地翻压或割后集中于树盘下压青；在苕子现蕾初期，留茬10厘米刈割，刈割后再生留种；苕子有30%硬粒，在第二年后陆续发芽，可让其自然落种，形成自然生草；利用苕子鲜茎叶或脱落后的干茎叶做成堆肥或沤肥，腐熟后施入果园。

3. 果园覆草

用稻草、麦秸、玉米秆、绿肥、杂草等有机物进行覆盖，可树盘覆盖，也可全园覆盖。

① 优缺点

a. 覆草能防止水土流失，抑制杂草生长，减少蒸发，防止返碱，积雪保墒，缩小地温昼夜与季节变化幅度。

b. 覆草能增加有效态养分和有机质含量，并防止磷、钾和镁等被土壤固定而成无效态，利于团粒形成，对果树的营养吸收和生长有利。

c. 覆草可招致虫害和鼠害、使果树根系变浅。

② 果园覆草方法

a. 一般在土壤化冻后进行，也可在草源充足的夏季覆盖。

b. 覆草厚度以20～30厘米为宜。

c. 全园覆草不利于降水尽快渗入土壤，降水蒸发消耗多。生产中提倡树盘覆草：覆草前在两行树中间修30～50厘米宽的畦埂或作业道，树畦内整平使近树干处略高，盖草时树干周围留出大约20厘米的空隙。

③ 果园覆草注意事项

a. 覆草前翻地、浇水，碳氮比大的覆盖物要增施氮肥，满足微生物分解有机物对氮肥的需要；过长的覆盖物，如玉米秸、高粱秸等要切短，段长40厘米左右。

b. 覆草后在草上星星点点压土，以防风刮和火灾，但切勿在草上全面压土，以免通气不畅。

c. 果园覆草改变了田间小气候，使果园生物种群发生变化，如树盘全铺麦草或麦糠的果园玉米象对果实的危害加重，应注意防治；覆草后不少害虫栖息草中，应注意向草上喷药。

d. 秋季应清理树下落叶和病枝，防治早期落叶病、潜叶蛾、炭疽病等发生。

e. 果园覆草应连年进行，至少保持5年以上才能充分发挥覆盖的效应。在覆盖期间不进行刨树盘或深翻扩穴等工作。

f. 连年覆草会引起果树根系上移，分布变浅，覆草的果园不易改用其他土壤管理方法。

4. 免耕法

果园利用除草剂防除杂草，土壤不进行耕作，可保持土壤自然结构、节省劳力、降低成本。

果园免耕，不耕作、不生草、不覆盖，用除草剂灭草，土壤中有机质的含量得不到补充而逐年下降，造成土壤板结。但从长远看，免耕法比清耕法土壤结构好，杂草种子的密度减少，除草剂的使用量也随之减少，土壤管理成本降低。

免耕的果园要求土层深厚，土壤有机质含量较高；或采用行内免耕，行间生草制；或行内免耕，行间覆草制；或免耕几年后，改为生草制，过几年再改为免耕制。

五、果园土壤一般管理

1. 耕翻

耕翻最好在秋季进行。秋季耕翻多在果树落叶后至土壤封冻前进行，可结合清洁果园，把落叶和杂草翻入土中，既减少了果园病源和虫源，又可增加土壤有机质含量。也可结合施有机肥进行，将腐熟好的有机肥均匀撒施入，然后翻压即可。耕翻深度为20厘米左右。

2. 中耕除草

中耕的目的是消除杂草以减少水分、养分的消耗。中耕次数应根据当地气候特点、杂草多少而定。在杂草出苗期和结籽期进行除草效果较好，能消灭大量杂草，减少除草次数。中耕深度一般为6～10厘米，过深伤根，对果树生长不利，过浅起不到中耕的作用。

3. 化学除草

指利用除草剂防除杂草。可将药液喷洒在地面或杂草上除草，简单易行，效果好。

选用除草剂时，应根据果园主要杂草种类选用，结合除草剂效能和杂草对除草剂的敏感度和忍耐力，确定适宜浓度和喷洒时期。

喷洒除草剂前，应先做小型试验，然后再大面积应用。

4. 地膜覆盖

（1）作用

① 树下覆膜能减少水分蒸发，提高根际土壤含水量，盆状覆膜具

有良好的集水作用；

② 提高早春土壤温度，促进根系生理活性和微生物活动，加速有机质分解，增加土壤肥力；

③ 减少部分越冬害虫出土为害；

④ 促进果实成熟和抑制杂草生长。

（2）地膜覆盖技术

① 丰产期苹果园

a. 成龄果园的地膜覆盖在干旱、风大的2～4月份进行，可顺行覆盖或在树盘下覆盖。

b. 地形平坦、有水浇条件的果园，覆膜前要浇水，平整地面。在干旱少雨的地区适宜低畦或低树盘的栽植方法，以树干为中心修大小与树冠投影一致、四周稍高的树盘，树盘内覆地膜；地下水位高、雨水多的地区适宜高畦栽植覆盖。

c. 膜面要拉平，膜边角用土压住，防止水分蒸发。

d. 大树离树干30厘米处不覆膜，以利通气。

e. 施肥时用3厘米粗的木棍在地膜上扎孔6～10个，施入肥料后再用土盖住孔口。

② 地膜覆盖穴储肥水技术。是旱地果园重要的抗旱、保水技术，方法简单易行，节肥、节水，投资少，见效大。

方法是：将作物秸秆或杂草捆成直径20～25厘米、长50厘米的草把，放在尿液中浸透。在树冠投影边缘向内50～60厘米处挖深50厘米、直径30厘米的储养穴，每株4～7个。将草把立于穴中央，顶端略低于地表，每穴施入土杂肥4～5千克、过磷酸钙500克、尿素或复合肥50～100克，与土混合后填入穴内踩实，整理树盘，使营养穴低于地面1～2厘米，形成盘子状，每穴浇水5千克即可覆膜；每穴覆盖地膜1～2米^2，地膜边缘用土压严，正对草把上端穿一小孔，用石块或土堵住，以便将来追肥、浇水或承接雨水。一般在花后（5月上中旬）、新梢停止生长期（7月中旬）和采果后3个时期，每穴追施50～100克尿素或复合肥，将肥料放于草把顶端，浇水5千克左右；一般储养穴可维持2～3年，发现地膜损坏后应及时更换，再次设置储养穴时改换位置，逐渐实现全园改良。

（3）地膜覆盖注意事项

① 覆透明膜由于膜下温度、湿度适宜，膜内往往杂草丛生，在覆膜前平整土地后用西玛津等除草剂处理，覆盖黑色地膜或除草地膜

不用除草剂也可控制杂草生长；

② 无公害果园应尽量用可降解地膜，或在使用农膜后应将地膜的残物捡拾干净；

③ 为降低成本，可结合行间生草或免耕进行行内覆膜；

④ 早春覆膜后，苹果萌芽早、开花早，要预防晚霜危害；

⑤ 夏季覆膜，有膜部位地温高，不利于根系生长，一般要在膜上撒些土或盖适量的杂草；

⑥ 覆膜后加快了有机质的分解，长期覆膜降低土壤肥力。采用地膜覆盖技术的果园，要增施有机肥和矿质肥料。

第五章

不同果树施肥技术

第一节 苹果施肥技术要点

苹果施肥应以有机肥为主，配合施用各种化学肥料，使苹果园有机质含量超过1%，最好能达到1.5%以上。施用化学肥料时要注意多元复合，最好施用全素肥料，目前苹果生产在化肥施用上存在着重氮、磷、钾而轻钙、镁及微量元素的倾向，应注意克服。

一、苹果施肥特点

1. 多施有机肥、适量施用氮肥

氮是苹果树需要量较大的营养

元素之一，每生产100千克果实约吸收0.3千克左右的纯氮。在一定范围内适当多使氮肥，有增枝叶数量，增强树势和提高产量的作用。但施用氮肥过多，会引起枝梢徒长，使坐果率下降，产量降低，品质及耐储性差，容易导致苦痘病、红玉斑病、果锈等生理病害的发生。

一般幼龄树每株年施用氮肥的量以纯氮计0.25～0.50千克，初果树0.5～1.0千克，初盛果树为1.0～1.5千克，盛果树为1.5～2.0千克。

（1）施用时间和使用量　施用时间和使用量应根据树势而定。

①旺长树　追施时间以5月下旬至6月上旬为宜。此时春梢停止生长，适量追施铵态氮肥，有助

于花芽的生理分化，同时配施一定量的磷、钾肥。另外一次在8月中下旬，秋梢停止生长时，在大量施用磷钾肥的基础上，适度补充氮肥，施用的氮肥量应取上述量的下限，如施用的有机肥数量较多，可不施或延施氮肥。

② 树势较弱的苹果树　应在旺长前追施氮肥，特别是硝态氮肥，在苹果树萌芽前追施一定量的氮肥，并结合浇水、覆膜，在夏季借雨勤追，以促进秋梢的生长，恢复树势。到秋天，在落叶前再适度追施一定量的氮肥，并轻施磷钾肥，以增加树体的储备，提高芽质，促进根系的生长，为恢复树势作充分准备。

③ 正常结果的壮树　一般在萌芽前追施氮肥，最好以硝态氮肥为主，适当配合施用铵态氮肥，以

加速果实生长，同时注意在采果后及时补肥浇水，以协调营养，恢复树体，增加树内物质储备为来年作准备。

短枝型苹果树，多为密植，早果性、丰产性较好，其需肥量较普通型为多。一般幼龄树667米^{2}每年施用的氮肥量以纯氮计为6～12千克，磷肥的用量以五氧化二磷计667米^{2}为10～14千克，钾肥的用量以氧化钾计667米^{2}为3～6千克。成龄短枝型苹果树的年施用氮磷钾以纯养分计667米^{2}为氮肥12～18千克、磷肥9～15千克、钾肥6～12千克。

（2）施肥时期　注意重施秋季基肥，及时于花前、果实膨大期、花芽分化期进行追肥，每次施用量不可过大，注意在施用量较大时应全园撒施、适度深翻防止肥害。

2. 适当补充磷钾肥、合理施用硼、锌、铁等微量元素肥料

（1）磷钾是苹果树需要量较大的营养元素，每生产100千克果实约需吸收0.05～0.1千克的五氧化二磷、0.3千克的氧化钾。施用磷钾肥能提高苹果的产量，促进根系的生长发育，增加叶片中的光合产物向茎、根、果等部位运输。磷肥适度深施可促进根系向土壤深层伸展，提高果树抗旱能力，减少病害发生。

氮、磷、钾的配合比例，因地区条件不同而变化，我国渤海湾地区棕黄土上幼树期为2∶2∶1或1∶2∶1，结果期为2∶1∶2。黄土高原地区土壤含磷量低，又多为钙质土，磷易固定，施磷后增产效果明显，三要素的比例为1∶1∶1。

不同苹果品种间需肥也存在差异。红富士苹果氮肥的需要量较少，与一般品种相比，几乎可减少一半，但对磷、钾的需要量较多。短枝型的红星，由于其早果性和丰产性比普通型好，所以早期需肥量较高，并且对氮、磷的需要比钾更迫切，施肥时应增加氮、磷的比例。

磷肥和钾肥主要作秋季秋梢停止生长后基肥（或秋追肥）施用，应占总施肥量的一半以上，其余部分可作为春梢停止生长时花芽分化期的促花肥和果实膨大期的促果肥。

（2）施用硼肥能降低苹果的未受精果率，提高苹果的坐果率和产量，对防治苹果缩果病效果十分显著。潜在缺硼和轻度缺硼的苹果树可于盛花期喷施一次浓度为

0.3% ～ 0.4%的硼砂水溶液。严重缺硼的土壤可于萌动前每株果树土施50 ～ 100克硼砂，再于盛花期喷施一次浓度为0.3% ～ 0.4%的硼砂水溶液。

（3）施用锌肥对矫治苹果树的小叶病效果显著，一般病枝恢复率达90%以上，提高坐果率15%以上，增产可达20%。喷施方法是用0.2%的硫酸锌与0.3% ～ 0.5%的尿素混合液于发病后及时喷施，也可在春季苹果树发芽前用6% ～ 8%的硫酸锌水溶液喷，施能起到一定的预防作用。

（4）对苹果树的缺铁失绿黄化的矫治，效果较好的方法有：土施多用“局部富铁法”，即将硫酸亚铁与饼肥（豆饼、花生饼、棉籽饼）和硫酸铵按1 ∶ 4 ∶ 1的重量比混合，在果树萌芽前作基肥集中施入细根较多的土层中，根据果树的大小和黄化的程度每株果树的施用量控制在3～10千克。叶面直接喷施硫酸亚铁的效果一般较差，应用黄腐酸铁与尿素的混合液喷施矫治黄化的效果较好，但有效期较短；也可应用硫酸亚铁与尿素的混合液喷施，效果略差，喷施的浓度为硫酸亚铁0.3%、尿素0.5%，在果树生长旺季每周喷施一次。

二、苹果园施肥存在的问题及提高肥效的方法

1. 苹果园施肥存在的问题

（1）化肥施用过多　生产中果农不了解果园的土壤营养状况，多凭经验和习惯盲目施肥，以为施肥量越多越好，特别是氮肥，常造成偏用氮肥的现象严重，造成树体旺

长，果实品质下降。

（2）基肥施用过少　我国果园土地条件大多相对较差，多数果园有机质含量严重不足，秋施基肥对果品的质量至关重要，但许多果园不施基肥或施肥不到位。

2. 提高肥效的方法

（1）根据生命周期施肥

① 幼树期，施足氮肥、磷肥，适当施用钾肥，目的是扩大树冠，搭好骨架，扩展根系。

② 结果初期，增施磷肥，配合施用氮、钾肥，可促进花芽分化，迅速提高产量。

③ 盛果期，氮磷钾肥，配合施用，适当提高氮肥比例，做到优质、丰产、稳产。

④ 衰老期，以氮肥为主，适当配合磷钾肥，更新复壮，延长寿命。

（2）根据土壤和树叶分析配方施肥　2年1次，根据测得数据与丰产园相应参数确定，是目前比较科学的施肥方法。

（3）多施有机肥　结合秋季深翻进行。粪尿肥、厩肥、堆肥、土杂肥、饼肥、秸秆肥等，可提高土壤有机质含量，有利于微生物活动。

（4）叶面施肥　一般为春季，针对缺乏的营养元素进行，补充氮、锌、硼、铁、钙等，吸收好，肥效快，方法简便，可结合喷药进行。

三、苹果科学施肥方法举例

所列举方法苹果树（亩产3000千克以上）优质、丰产期果树通用。

例1：秋季采果后—落叶前，每亩施腐熟的有机肥750千克（40

千克微生物菌肥）＋三元素复合肥40千克。全园撒施后翻一次树盘，然后浇一次封冻水，第二年春季萌芽前追施25千克尿素＋20千克中微量元素复合肥，浇一次催芽水。夏季，果实膨大和着色期追施25千克硫酸钾型高效膨果肥，促进果实膨大和着色，同时也能防治黄叶、烂根。

例2：秋季采果后一落叶前，每亩施三元素复合肥（大品牌）60千克。全园撒施后翻一次树盘，然后浇一次冻水，第二年春季萌芽前追施40千克尿素＋20千克中微量元素复合肥，浇一次催芽水。夏季，果实膨大着色期每亩追施20千克高效膨果肥，促进果实膨大和着色，果面光洁，黄叶消失。

第二节 梨树施肥

一、梨树需肥量

确定肥料施入的数量和比例要根据土壤条件、产量高低、树龄和品种等因素综合考虑。

（1）土壤　土壤肥力不同，施肥量也不同，瘠薄土壤应比肥沃土壤施肥量多。不同肥力的梨园，应在土壤分析的基础上，确定施肥的数量和比例。

我国华北一带的梨园有机质多在1%以下，全氮和碱解氮分别在0.05%及30毫克/千克左右，速效钾在50毫克/千克，速效磷在4毫克/千克左右或更低，突出表现出缺氮和磷。在微量元素方面，普遍表现严重缺乏锌和硼，钼、铁、锰也较缺乏。

（2）产量和品质　在一定范围内，随施肥量的增加，产量和品质有所提高，但施肥量（尤其是氮肥）过大，鲜食品质降低、耐藏性变差。

（3）品种　不同品种需肥量有一定差异。与鸭梨相比，茌梨、雪花梨和秋白梨等品种的需肥量稍高。据研究，在山东平原梨区，鸭梨最高施氮量为300千克/公顷，茌梨应为375千克/公顷。河北赵县雪花梨产区的生产经验认为，每生产100千克梨果，雪花梨需施纯氮0.5～0.7千克，而鸭梨需0.3～0.45千克（刘秀田等《雪花梨栽培技术》，1989）。

（4）树龄　幼树需肥量少，随树龄增大和产量增加，施肥量应逐渐增多。

二、梨树施肥技术特点

1. 梨园应多施有机肥，保证氮肥的施用

（1）梨园应多施有机肥。

（2）氮是梨树需要量较大的营养元素之一，每生产100千克果实约吸收0.4～0.6千克氮素。

在一定范围内适当多施氮肥，可增加梨树的枝叶数量，增强树势、提高产量。但氮肥过量施用，会引起枝梢徒长、坐果率下降、产量降低，品质及耐储性变差，并容易诱发缺钙等生理病害。

（3）梨树的幼树相对需要的氮较多，其次是钾，吸收的磷素较少（为氮量的1/5左右）。结果后梨树

吸收氮钾的比例与幼树基本相似，但磷的吸收量有所增加，约为氮量的1/3左右。

一般梨树在幼树期施肥时，氮肥的施用量为每年亩施氮肥以纯氮计为5～10千克，进入结果期后逐步增加至15～20千克，需肥较多的品种可增加至25千克。

（4）氮肥施用时期

① 第一施肥期　萌芽后开花前追施一定量的氮肥，可提高坐果率、促进枝叶的生长，一般施用量约为全年氮肥施用量的1/5。但树势较旺的果树，一般不宜在此期追施氮肥，以防梨树营养生长过旺，影响挂果。

② 第二施肥期　新梢生长旺期后，果实的第二个膨大期前，适当追施氮肥并配合磷钾肥的施用，

可提高产量、改善品质；但不要追施过早，以防枝叶生长过旺，影响梨果的糖分含量及品质。此期的施肥量约为全年氮肥施用量的1/5。

③ 第三施肥期　梨果采收前及时追肥可为来年春天的萌芽和开花结果做好准备。一般此期的施用量约为全年氮肥用量的1/5。树势较弱和结果较多的梨树，若采收后不能及时追施基肥，可适当再施用一定量的氮肥，并配施磷钾肥，以恢复树势，为来年梨树的生长发育做准备。

2. 适量施用磷钾肥，合理施用硼、锌、铁等微量元素肥料

（1）梨树每生产100千克果实约需吸收0.1～0.25千克五氧化二磷，0.4～0.6千克氧化钾。施用磷钾肥能提高梨树的产量，促进根

系的生长发育，增加叶片中的光合产物向茎、根、果等部位协同运输，磷肥有诱根作用，将磷肥适度深施可促进根系向土壤深层伸展，提高果树的抗旱能力。

梨的幼树和成树对磷钾肥的需要量：一般幼树需磷较少，需钾与氮相当，但幼树适量多施用一些磷肥可明显促进果树的生长，适宜的氮、磷、钾比例为1∶0.5∶1或1∶1∶1。进入结果期后，需适量增加氮钾肥的比例，适宜的氮磷钾的比例为2∶1∶3或1∶0.5∶1，但在具体应用时还需要考虑土壤的性质，对于西北黄土高原区、山东、河北、河南等的黄河冲积主产区，土壤中的钙含量较多，磷低一些，实际应用时应适度增加磷肥的用量，氮磷钾的比例可选用1∶1∶1，其他土壤为中性到酸性的地区成龄果树可选用1∶0.5∶1。

磷肥和钾肥主要作秋季果实采收后的基肥（或秋追肥）施用，应占总施肥量的一半以上，其余部分可作为梨的两个果实快速膨大期的促果肥及果实采收前的补充营养肥。

（2）施用硼肥能显著降低梨树缩果病的发生，提高坐果率，减少果肉中木栓化区域的形成。对于潜在缺硼和轻度缺硼的梨树，可于盛花期喷施一次浓度为0.3%～0.4%的硼砂水溶液。严重缺硼的土壤可于萌动前每株果树土施100～250克的硼砂，有效期可达3～5年，如再于盛花期喷施一次浓度为0.3%～0.4%的硼砂水溶液，效果更好。

（3）施用锌肥对矫治梨树的叶斑病和小叶病效果十分显著。

喷施方法是用0.2%的硫酸锌与0.3%～0.5%的尿素混合液于发病后及时喷施，也可在春季梨树落花后3周喷施，或发芽前用6%～8%的硫酸锌水溶液喷施能起到一定的预防作用。土壤施用硫酸锌的效果较差，施用螯合态的锌肥效果较好，但成本较高。

（4）梨树缺铁失绿黄化矫治

将硫酸亚铁与饼肥（豆饼、花生饼、棉籽饼）和硫酸铵按1：4：1的重量比混合，在果树萌芽前作基肥集中施入细根较多的土层中，根据果树的大小和黄化的程度每株果树的施用量控制在3～10千克。叶面直接喷施硫酸亚铁的效果一般较差，应用黄腐酸铁与尿素的混合液喷施矫治黄化的效果较好，但有效期较短；也可应用硫酸亚铁与尿素的混合液喷施，效果略差，喷施的浓度为硫酸亚铁0.3%、尿素0.5%，在果树生长旺季每周喷施一次。

有条件的地方，也可使用强力树干注射机进行硫酸亚铁的木质部注射，施用量一般仅为土施的1%左右，但该方法仅适于成年果树，注射的剂量范围较窄，施用不当容易影响梨树的正常生长。

三、施肥时期

1. 基肥

幼树和初果期树，根据树体大小，每亩（667平方米）施优质有机肥1～2立方米；盛果期树按每生产1千克果实施用1～1.5千克有机肥计算使用量。施用时期以秋施最好，初冬或春季萌芽前施用亦可。施用方法环状施肥或条沟、放射沟状施肥法均可，施基肥时施入适量磷肥。施后灌水。

2. 追肥

幼树追肥每年1～2次，第1次在萌芽期，以氮素为主，促进新梢生长，每株施用尿素0.1～0.2千克；第2次在花芽分化前，时间为6月上旬，追施磷肥和少量氮肥，如磷酸二氨0.1～0.2千克，尿素0.1千克。

成年树一般每年追肥3～4次。主要追肥时期如下，可根据具体情况选用。

（1）萌芽前后与开花坐果期

萌芽前或花后追施1次速效性肥料，以速效性氮肥为主，配合适量磷肥，为萌芽、开花和坐果补充营养，提高开花整齐度和坐果率，促进新梢生长。

（2）幼果发育期　一般在疏果结束后进行，以钾肥为主，配合适量氮肥和磷肥。能有效促进幼果的生长发育，提高光合效能，促进养分积累和花芽形成。

（3）果实迅速膨大期　于果实成熟前1.5～2个月进行，追肥种类应以钾肥为主，树势弱的可配合少量氮肥。有利于增大果个，提高品质。

（4）采后追肥　以速效性磷肥为主，配合适量氮肥，以促进根系生长，延缓叶片衰老，恢复和增强树势，提高树体储藏营养的水平。

3. 根外施肥

叶面喷肥，在叶片停止生长至果实膨大期，结合喷施农药，混合施用可溶性肥料，一般浓度为0.2%～0.3%，春季以速效氮为主，果实发育期以磷、钾为主。

4. 树干输液

落叶后或萌芽前根据树干粗细，用专用输液器从主干输入一定量的营养液肥，能迅速补充树体所需，维持树势强健。

5. 营养诊断与平衡施肥

根据梨树叶片分析结果，对树体营养状况做出诊断，拟定配方施肥方案，进行平衡施肥。以下举例摘自农业部种植业管理司编《梨标准园生产技术》(2011)。

例1：如产量为3000千克/亩盛果期鸭梨的施肥方案。

每年施有机肥4000～6000千克/亩，施纯氮（N）12～15千克/亩，施磷（P_2O_5）6～8千克/亩，施钾（K_2O）13～16千克/亩，配合适量的微量元素。使用方法如表5-1所示。

表5-1　亩产3000千克/亩盛果期鸭梨的施肥方案

施肥时期	有机肥/（千克/亩）	N/（千克/亩）	P_2O_5/（千克/亩）	K_2O/（千克/亩）	B/（千克/亩）	Zn/（千克/亩）
萌芽前		4～5	6～8	5～7	4.5	6
果实膨大期		4～5		8～9		
采收后	4000～6000	4～5				
全年合计	4000～6000	12～15	6～8	13～16	4.5	6

例2：产量3000千克/亩的盛果期雪花梨施肥方案。

每年施有机肥4000～6000千克/亩，施纯氮（N）18～24千克/亩，施磷（P_2O_5）6～8千克/亩，施钾（K_2O）18～23千克/亩，配合适量的微量元素。使用方法如表5-2所示。

例3：5～8年生黄金梨、水晶梨产量控制在2000千克/亩左右，施肥方案如表5-3所示。

盛果期皇冠梨产量控制在2500千克/亩左右，施肥方案见表5-4。

白梨系统的品种，每生产100千克果实，需施氮0.4～0.45千克、磷0.2～0.3千克、钾0.4～0.5千克。

砂梨系统的品种需肥量较大，每生产100千克果实需施氮

表 5-2　亩产 3000 千克/亩盛果期雪花梨的施肥方案

施肥时期	有机肥 /（千克/亩）	N /（千克/亩）	P_2O_5 /（千克/亩）	K_2O /（千克/亩）	B /（千克/亩）	Zn /（千克/亩）
萌芽前		5 ～ 7	6 ～ 8	7 ～ 10	3	4
果实膨大期		7 ～ 10		11 ～ 13		
采收后	4000 ～ 6000	6 ～ 7				
全年合计	4000 ～ 6000	18 ～ 24	8 ～ 12	18 ～ 23	3	4

表5-3 5 ~ 8年生2000千克/亩黄金梨、水晶梨的施肥方案

施肥时期	有机肥 /（千克/亩）	N /（千克/亩）	P_2O_5 /（千克/亩）	K_2O /（千克/亩）	B /（千克/亩）	Zn /（千克/亩）
萌芽前		5 ～ 6	8 ～ 12	7 ～ 8	3	4
果实膨大期		7 ～ 8		9 ～ 10		
采收后	4000 ～ 5000	4 ～ 5				
全年合计	4000 ～ 5000	16 ～ 20	8 ～ 12	16 ～ 18	3	3

表 5-4 亩产 2500 千克/亩皇冠梨的施肥方案

施肥时期	有机肥/（千克/亩）	N/（千克/亩）	P_2O_5/（千克/亩）	K_2O/（千克/亩）	B/（千克/亩）	Zn/（千克/亩）
萌芽前		5～6	6～8	7～9	3.8	5
果实膨大期		7～8		8～11		
采收后	5000～6000	5.5～6				
全年合计	5000～6000	17.5～20	6～8	15～20	3.8	5

0.65～1.0千克、磷0.3～0.5千克、钾0.55～0.9千克。

四、梨园施肥存在的问题及提高肥效的方法

1. 梨园施肥存在的问题

（1）化肥施用过多　生产中不了解果园的土壤营养状况，多凭经验和习惯盲目施肥，以为施肥量越多越好，特别是氮肥施用过多，常造成偏用氮肥的现象严重，造成树体旺长、果实品质下降。

（2）基肥施用过少　我国果园立地条件大多相对较差，多数果园有机质含量严重不足，秋施基肥对果品的质量至关重要，但许多果园不施基肥或施肥不到位。

2. 提高肥效的方法

（1）根据生命周期施肥

① 幼树期，施足氮肥、磷肥，适当施用钾肥，目的是扩大树冠，搭好骨架，扩展根系。

② 结果初期，增施磷肥，配合施用氮、钾肥，可促进花芽分化，迅速提高产量。

③ 盛果期，氮磷钾肥，配合施用，适当提高氮肥比例，做到优质、丰产、稳产。

④ 衰老期，以氮肥为主，适当配合磷钾肥，更新复壮，延长寿命。

（2）根据土壤和树叶分析配方施肥　2年1次，根据测得数据与丰产园相应参数确定，是目前比较科学的施肥方法。

（3）多施有机肥　结合秋季深

翻进行。粪尿肥、厩肥、堆肥、土杂肥、饼肥、秸秆肥等，可提高土壤有机质含量，有利于微生物活动。

（4）叶面施肥　一般为春季，针对缺乏的营养元素进行，补充氮、锌、硼、铁、钙等，吸收好，肥效快，方法简便，可结合喷药进行。

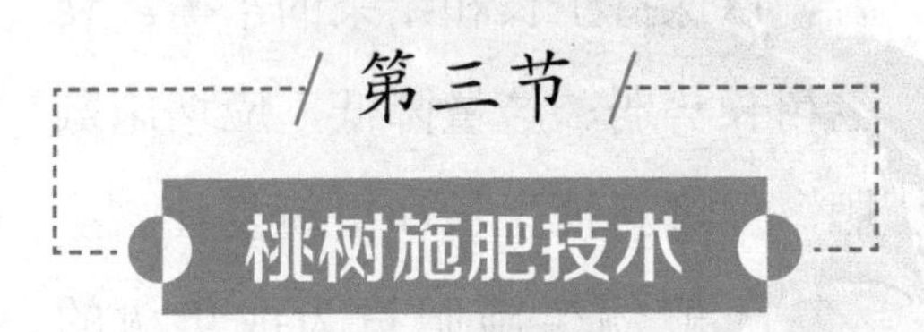

第三节　桃树施肥技术

一、施肥量

施肥量的确定考虑：

1．品种

开张性品种如大久保，生长较弱，结果早，应多施肥；直立性品种，生长旺，可适量少施肥。坐果率高、丰产性强的品种应多施肥，反之则少施。

2. 树龄、树势和产量

幼龄树，一般树势旺，产量低，可以少施氮肥，多施磷钾肥。成年树，树势减弱，产量增加，应多施肥，注意氮、磷和铒把的配合，以保持生长和结果的平衡。衰老树长势弱、产量降低，应增施氮肥，促进新梢生长和更新复壮。

一般幼树施肥量为成年树的20%～30%，4～5年生树为成年树的50%～60%，6年生以上的树施肥量可按盛果期的施肥量计算。

3. 土质

土壤瘠薄的沙土地、山坡地，应多施肥。土壤肥沃，相应少施肥。

按有机农业和绿色食品生产的要求，桃园施肥要以有机肥为主。在秋施基肥的基础上，根据桃树的年龄时期和各物候期生长发育对养分需求的状况与特点，决定追肥的时期、种类与数量。

1～3年生幼树少施或不施氮素化肥，花芽分化前追施一定数量的钾肥，以促进花芽分化和枝条成熟。施肥量以不刺激幼树徒长为原则，一般在树体大小未达到设计标准之前，主枝延长枝的基部粗度以不超过2厘米为好。

成年树以生长势为主要施肥依据，保持树势中庸健壮，主要结果枝比例在70%以上。除注重秋施基肥以外，追肥以钾肥为主，重点在硬核后的果实速长期进行。

二、基肥

1. 施用时期

基肥可以秋施、冬施或春施，果实采收后尽早施入，一般在9月份。秋季没有施基肥的桃园，可在春季土壤解冻后补施。秋施应在早中熟品种采收之后、晚熟品种采收之前进行，宜早不宜迟。秋施基肥的时间还应根据肥料种类而异，较难分解的肥料要适当早施，较易分解的肥料则应晚施。在土壤比较肥沃、树势偏于徒长型的植株或地块，尤其是生长容易偏旺的初结果幼树，为了缓和新梢生长，往往不施基肥，待坐果稳定后通过施追肥调整。

2. 施肥量

基肥一般占施肥总量的50%～80%，施入量4000～5000

千克/亩。

3. 施肥种类

以腐熟的农家肥为主，适量加入速效化肥和微量元素肥料（过磷酸钙、硼砂、硫酸亚铁、硫酸锌、硫酸锰等）。

4. 施肥方法

桃根系较浅，大多分布在20～50厘米深度内，施肥深度在30～50厘米处。

一般有环状沟施、放射状沟施、条施和全园普施等。

（1）环状沟施　在树冠外围，开一环绕树的沟，沟深30～40厘米，沟宽30～40厘米，将有机肥与土的混合物均匀施入沟内，填土覆平。

（2）放射状沟施　自树干旁向树冠外围开几条放射沟施肥，近树干处沟宜浅。

（3）条施　在树的东西或南北两侧，开条状沟施肥，但需每年变换位置，以使肥力均衡。

（4）全园普施　施肥量大而且均匀，施后翻耕，一般应深翻30厘米。

5. 施基肥的注意事项

有机肥施用前要经过腐熟。在基肥中可加入适量硼、硫酸亚铁、过磷酸钙等，与有机肥混匀后一并施入。施肥深度要合适，不要地面撒施和压土式施肥。如肥料充足，一次不要施太多，可以分次施入。

三、追肥

追肥是在果树生长发育期间施入的肥料。施用追肥的作用是及时补充植物在生育过程中所需的养分，以促进植物进一步生长发育，提高产量和改善品质，一般以速效性化学肥料作追肥。

（1）追肥时期　可分为萌芽前后、果实硬核期、催果肥阶段和采收后阶段。生长前期以氮肥为主，生长中后期以磷钾肥为主。钾肥应以硫酸钾为主。施肥时期及种类参见表5-5。注意每次施肥后必须进行灌水。

具体的施肥时期、肥料种类应根据品种特点、有机肥施用量和产量等综合考虑确定。壤土或黏壤土肥力较高，保肥保水性好，在基肥充足的情况下，追肥在果实迅速生长期施一次即可。树势弱的宜早施，并适当增加施肥量和施肥次数，特别是前期氮肥的施用量要增加；结果多、产量高的施肥量要大，结果少的应少施或不施。

表5-5　桃树土壤追肥的时期、肥料种类

次别	物候期	时期	作用	肥料种类
1	萌芽前后	3月上、中旬	补充上年树体贮藏营养的不足，促进根系和新梢生长，提高坐果率	以氮肥为主，秋施基肥没施磷肥时，加入磷肥
2	硬核期	5月下旬至6月上旬	促进果核和种胚发育、果实生长和花芽分化	氮、磷、钾肥配合施，以磷、钾肥为主
3	催果肥	成熟前20～30天	促进果实膨大，提高果实品质和花芽分化质量	以钾肥为主
4	采后肥	果实采收后	恢复树势，使枝芽充实、饱满，增加树体贮藏营养，提高抗寒性	以氮肥为主，配以少量磷钾肥。只对结果量大、树势弱的施肥。施肥量小

注：引自马之胜，《桃安全生产技术指南》，2012。

（2）追肥方法　采用穴施，在树冠投影下，距树干80厘米之外，均匀挖小穴，穴间距为30～40厘米。施肥深度为10～15厘米。施后盖土，然后浇水。

（3）追肥应注意的问题　不要地面撒施，以提高肥效和肥料利用率。

四、叶面喷肥

1．肥料种类

适于叶面喷肥的肥料种类很多，一般情况下有如下几类。

（1）普通化肥　氮肥主要有尿素、硝酸铵、硫酸铵等，以尿素应用最广、效果最好。磷肥有磷酸铵、磷酸二氢钾和过磷酸钙。桃对磷的需要量比氮和钾少，但将其施入土壤中，大部分变成不溶解态，效果大大降低，因此磷肥进行叶面喷肥更有重要意义。钾肥有硫酸钾、氯化钾、磷酸二氢钾等，其中磷酸二氢钾应用最广泛、效果最好。

（2）微量元素肥料　有硼砂、硼酸、硫酸亚铁、硫酸锰和硫酸锌等。

2. 适宜浓度

各种常用肥料的使用浓度列入表5-6，供参考。

表5-6　桃叶面喷肥常用肥料浓度

肥料种类	喷施浓度/%	肥料种类	喷施浓度/%
尿素	0.1～0.3	硫酸锰	0.05
硫酸铵	0.3	硫酸镁	0.05～0.1
过磷酸钙	1.0～3.0	磷酸铵	1.0
硫酸钾	0.05	磷酸二氢钾	0.2～0.3
硫酸锌	0.3～0.5（加同浓度石灰）	硼酸、硼砂	0.2～0.4

续表

肥料种类	喷施浓度/%	肥料种类	喷施浓度/%
草木灰	2～3	鸡粪	2～3
硫酸亚铁	0.1～0.3（加同浓度石灰）	人粪尿	2～3

五、灌溉施肥

1. 概念

溉施肥是将肥料通过灌溉系统（灌溉沟、喷灌、滴灌）进行果园施肥的一种方法。

2. 灌溉施肥的优点

灌溉施肥肥料元素呈溶解状态，施于地表能更快地为根系所吸收利用，提高肥料利用率。肥料在土壤中养分分布均匀，不会伤根，且节省施肥的费用和劳力。

第四节 核桃施肥技术

一、基肥

基肥是以有机肥料为主、能较长时期供给核桃多种养分的基础肥料，如腐殖酸类肥料、堆肥、厩肥、圈肥、粪肥、绿肥、作物秸秆、杂草、枝叶等。基肥经过在土壤中腐熟分解，不断供给核桃生长和结果所需的大量元素和微量元素，而且能增加土壤孔隙度，改善土壤的水、肥、气、热状况，有利于微生物活动。

基肥以有机肥为主，其用量是：每生产1千克核桃施入5千克有机肥，混入适量磷、钾肥。一般幼树每株20～30千克有机肥，初结果树每株30～50千克，盛果期树每株50～80千克，同时配合施用2～5千克过磷酸钙。基肥用量占全年施肥有效成分的30%以上。

基肥一般在秋季果实采收后至叶片变黄以前（9月中旬至11月上旬）结合秋季深翻进行。此期施基肥能使基肥在当年有充分的时间释放养分，促进树体吸收利用，充分发挥肥效。

我国根据核桃树的生长发育状况及土壤肥力不同，提出了早实核桃和晚实核桃的基肥参考施肥量。按树冠垂直投影（或冠幅）面积计算，晚实核桃栽植后1～5年，每平方米年施有机肥（厩肥）5千克；早实核桃1～10年，在每平方米施有机肥5千克，20～30年生核桃树每株有机肥的用量一般不低于

200千克。如土壤等条件较差、树的长势较弱且产量较高时，应适当增加基肥的用量。

肥源不足的地区可广泛种植和利用绿肥，绿肥的种类可根据当地的条件选择，常用的绿肥有紫穗槐、草木樨、沙打旺、毛叶苕子、田菁等。

基肥一般在秋季施入，秋季来不及施入的可在春季施入。幼龄核桃园可结合隔行深翻或全园深翻的方法施入基肥，成龄园可采用全园撒施后浅翻土壤的方法施入基肥，施入基肥后灌一次透水。此法简便易行，缺点是施肥部位较浅，容易造成根系上返。

二、追肥

追肥是在树体生长发育需要时及时补充的速效性肥料。追肥可供给树体当年生长发育所需的营养，既有利于当年壮树高产和优质，又给来年生长结果打下基础。

1. 追肥量的确定

核桃追施肥量因树龄、树势、品种、土壤和肥料的不同而不同。目前，我国核桃仍主要靠经验来确定施肥种类和施肥量。生长较旺的幼树应少施氮肥，多施磷、钾肥，以控制枝条旺长，促进枝芽成熟，增强抗逆性，提早进入结果期。生长较弱的盛果期树应适当增加氮肥和钾肥用量，使氮、磷、钾比例适当，保证大量结果和生长发育需要。进入衰老期的大树应多施氮肥，以复壮树势，延长结果年限。

我国晚实核桃每平方米树冠投影或冠幅面积的参考追肥量为氮素50克、五氧化二磷和氧化钾各10

克。进入结果期的6～10年生树，每平方米树冠投影面积施氮素50克、五氧化二磷和氧化钾各20克。1～10年生早实核桃，每平方米树冠投影面积施氮素50克、五氧化二磷和氧化钾各20克。核桃进入盛果期后，追肥量应随树龄和产量的增加而增加。

2. 追肥次数和时期

追肥次数和时期与气候、土质、树龄、树势等有关。施肥时期应根据核桃不同物候期的需肥特点和土壤中营养元素的变化规律以及不同肥料的性质来确定。高温多雨地区或沙质土壤肥料易流失，追肥宜少量多次，反之追肥次数可适当减少。幼树追肥次数宜少，随树龄增加和结果量的增多，树势逐渐衰弱，追肥次数也应增多，以缓解生长和结果的矛盾。核桃幼树一般每年追肥2～3次，成年树3～4次。

（1）第一次追肥　以速效性氮肥为主，如尿素、硫酸铵、硝酸铵等。早实核桃在雌花开花以前、晚实核桃在展叶初期施入，主要作用是促进开花、坐果，有利于新梢生长发育。进入盛果期的核桃树，一定要在春季萌芽前追施速效性氮肥和磷肥，且施肥量应占全年追肥量的50%以上。

盛果期核桃树如果前期营养供应不足，会阻碍树体的生长发育，影响开花与坐果。

（2）第二次追肥　早实核桃在雌花开花以后、晚实核桃在核桃展叶末期施入，主要作用是促进果实的发育和膨大，减少落果，有利于枝条的生长和木质化。此次追肥以氮肥为主，配合适量的磷、钾肥。

施肥量占全年追肥量的30%。

（3）第三次追肥　结果期核桃树在6月下旬硬核后进行追肥，可以供给种仁发育所需要的大量养分，提高坚果的品质，又可促进花芽分化，为第二年结果打下基础。此次追肥以磷、钾肥为主，配合少量氮肥。其追肥量可占全年追肥量的20%。

三、根外追肥

根外追肥是通过叶片或枝条快速补充某种矿质元素的追肥方式，是一种经济有效的施肥方法，以叶面喷肥为主。

1. 优点

根外追肥用肥量小、见效快、利用率高，可与多种农药混合喷施，特别是在树体出现缺素症时，或为补充某些容易被土壤固定的元素，通过根外追肥可以收到良好的效果，对缺水少肥地区尤为实用。

2. 叶面喷肥的种类和浓度

叶面喷肥的种类和浓度分别为：尿素0.2%～0.3%，过磷酸钙0.3%～0.4%，硫酸钾0.2%～0.3%（或1.0%的草木灰浸出液），磷酸二氢钾0.2%～0.3%，硼酸0.1%～0.2%，硫酸锰0.05%～0.1%。根外追肥总原则是生长前期应稀些，后期可浓些。

3. 叶面喷肥时期

可在花期、新梢速长期、花芽分化期及采收后进行，特别是雌花初期喷施0.2%～0.3%的磷酸二氢钾和0.2%～0.3%的尿素，能明显提高坐果率。喷肥宜在上午10时以前或下午4时以后进行，阴雨天或大风天气不宜喷肥。注意叶面喷肥不能代替土壤施肥，二者结合起来才能收到良好效果。

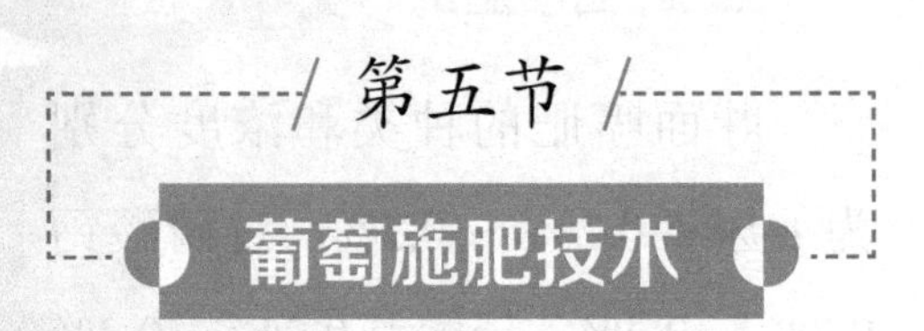

第五节 葡萄施肥技术

施肥的基本方法分为土壤施用和根外施用两种，又根据施用目的不同分为基肥和追肥。

一、基肥

基肥是为了给植株提供全年生长发育所需要的大部分肥料，通常施用量较大，占施肥总量的2/3左右，以有机肥、迟效肥为主，兼有改良土壤的作用。

根据经验，基肥以秋施为好，

生产上多在落叶前进行。基肥秋施有利于有机肥的分解及植株的提早利用，也有利于受伤根系的恢复。

基肥的施肥方法主要为沟施，施肥沟深宜在40～60厘米、沟宽30～40厘米，长度视扩穴改土坑的大小和施肥量而定，施用的肥料必须和土充分混合后再回填到施肥沟内。如果是冬季施肥，则要随挖沟随施肥随封土，以免风冻伤根；另外，挖施肥沟时忌伤大根，施肥后还要及时灌透水。

二、追肥

葡萄园光靠基肥有时不能满足生长和结果对营养的需要，应及时追肥。追肥一般用速效性肥料。葡萄追肥前期以追氮肥为主（宜浅些），中后期以磷、钾肥为主（磷肥移动性差，宜深些）。

1. 土壤追肥

土壤追肥可在植株根系主要范围内撒施或穴施。撒施的一定要深翻入土。施肥深度：芽前肥可深些，其余的追肥以浅施为宜，以免伤根。为充分发挥肥效，各次追肥后均应灌水。

氮肥（尿素等）、钾肥可在树盘内两株葡萄间开浅沟施入，覆土后立即灌水，或在下雨前将肥料均匀撒在地面上，肥料遇雨水溶解进入土壤中。磷肥由于在土壤中不易移动，应尽量多开沟深施。

（1）芽前肥　在萌芽前土壤施用，以速效氮肥为主，有条件的可加施少量复合肥。此时施肥有利萌芽和花芽的补充分化。对弱树此次追肥显得尤为重要。对于生长强旺的树，只要树体长势好，此时可不施或少施氮肥。

（2）花前肥　在开花前1周使用，一般以速效氮肥为主，适当配合磷、钾肥。生长势旺的树可少施氮。对生长势强、易落花落果的品种（如巨峰），此次追肥可不施，但弱树仍可施用。

（3）催果肥　在幼果迅速膨大期，浆果似豌豆粒大小时开始施用，以速效氮和磷肥为主，适当配合钾肥。此次追肥对增大果粒、促进花芽分化极为重要，不可不施。

（4）着色肥　在浆果刚进入转色期时施用，即在有色品种的浆果刚开始上色、无色品种的浆果开始变软时追肥，此次追肥以钾肥为主，结合施用磷、氮肥。

（5）补偿肥　在浆果采收后及时施用，尤其在生长期长的地区，施用此肥效果明显，对加速枝蔓成熟和营养物质的累积十分有利，目前已在我国中、南部地区广为采用。

2. 根外追肥

根外追肥又称叶面喷肥，即将肥料溶于水中，稀释到一定浓度后直接喷洒于植株上，通过叶片、嫩梢及幼果等绿色部分进入植物内部，是一种经济、省工、速效的施肥方法，特别是在葡萄需肥临界期，能及时满足葡萄树体的需要。根外追肥是生草覆盖果园补充果树营养的最有效方法。

（1）根外追肥注意事项

① 根外追肥之后植株吸收营养物质的效果，取决于空气的温度和湿度、营养液干燥的速度和浓度、盐的成分和酸度、肥料的喷施技术以及植株的年龄和生理状态等。根外追肥的最适温度

为18～25℃，此时空气相对湿度应该是高的，假如喷施时的温度高、相对湿度低，营养液就会很快干燥而不能进入到叶片的组织中去。

② 根外追肥只能在葡萄生长期内进行，具体喷施的时间以上午10点前或下午4点以后较为适宜，阴天更适合，在遇到气温高或与其他药剂混喷时，为防止灼叶，浓度应偏低，且避免在晴热天的午间喷洒。根外追肥应以喷叶片为主，尤其是叶背要细致喷洒，喷雾要细，要求叶幕上下、里外等部位喷洒周到均匀。

③ 各品种的叶片对药剂的附着能力不同。欧美杂交品种因叶片有茸毛，附着能力强，欧亚杂交种因叶片光滑无毛，附着能力差，因此需在药剂溶液中要加入表面活性

剂或展着剂，如洗衣粉等。

④ 根外追肥不能代替基肥和一般追肥，只能是它们的补充。

（2）根外追肥常用肥料及浓度　根外追肥常用肥料及浓度见表5-7。

表5-7　根外追肥常用肥料及浓度

补充元素	肥料名称	浓度/%
氮肥	尿素	0.2 ～ 0.5
	硝酸铵	0.1 ～ 0.3
	硫酸铵	0.1 ～ 0.3
	腐熟人尿	5.0 ～ 10.0
磷、钾肥	磷酸二氢钾	0.2 ～ 0.3
磷、钙肥	过磷酸钙	1.0 ～ 3.0
钾肥	草木灰浸出液	1.0 ～ 4.0
	硫酸钾	0.2 ～ 0.3
硼肥	硼酸或硼砂	0.05 ～ 0.32
镁肥	硫酸镁	0.1 ～ 0.2
锰肥	硫酸锰	0.1 ～ 0.2
铁肥	硫酸亚铁	0.1 ～ 0.3
	螯合铁	0.05 ～ 0.1
锌肥	硫酸锌	0.3 ～ 0.4

第六节 枣树施肥

一、基肥

基肥一年施用1次，一般在采果前后秋施。使用量一般品种按“斤果斤肥”施用，比如每667平方米产1500千克的枣园，年施基肥量1500千克。近年来，冬枣等鲜枣品种基肥施用量普遍提高，每667平方米施肥量达到4～6立方米，增产效果显著。

基肥一般在枣果采收后至落叶前施用，常配合枣园深翻进行。基肥以有机肥为主，可掺入少量速效氮、磷肥。根据各地丰产树的施肥经验，枣树基肥的施用量为每生产1千克鲜枣施用2千克优质有机肥。

提示：生产中施用基肥可在采果后到上冻前进行，以腐熟的各种有机肥为主，加混适量的氮、磷、钾复合肥和中微量元素肥料。施肥量一般成龄大树每年可株施30～50千克，复合肥1～2千克，中微量元素肥料0.5千克。施肥方法是全园和树盘撒施。做法是把基肥平均撒在枣园或树冠下，然后深翻20～30厘米，将肥料翻入土中。

基肥的施用方法主要有如下几种。

（1）环状沟施法　在树冠外围投影处挖一条环状沟，平地枣园一般沟深、宽各40～50厘米，土层薄的山区可适当浅些，深为30～40厘米。此法适于幼树。

（2）放射状沟施　在距主干

30厘米左右向外挖4～6条辐射状沟，沟长至树冠外围，沟深、宽各为30～50厘米。此法适用于成龄大树。

（3）条状沟施　在树行间或株间于树冠外围投影处挖深30～50厘米、宽30～40厘米、长视树冠大小和肥量而定的条状沟。条状沟施每年要轮换位置，即行间和株间轮换开沟。

（4）全园和树盘撒施　把基肥平均地撒在枣园或树冠下，然后深翻20～30厘米，将肥料翻入土中。

二、追肥

追肥分别在萌芽期、花前和果实发育期追施，也可根据具体情况集中1～2次追施。施肥种类可以是尿素等氮肥，磷酸二铵、磷酸二氢钾等复合肥，使用量幼树株施0.2～0.4千克，结果树株施0.5～1.0千克，随树龄增长和产量提高逐年增加。

枣树追肥主要分四次。

第一次：在萌芽前（4月上旬），以氮肥为主，适当配合磷肥。此期追肥能使萌芽整齐，促进枝叶生长，有利花芽分化。

第二次：在开花前（5月中下旬），仍以速效氮肥为主，同时配以适量磷肥。此期追肥可促进开花坐果，提高坐果率。

第三次：在幼果发育期（6月下旬至7月上旬），在施氮肥的同时，增施磷、钾肥。其作用是促进幼果生长，避免因营养不足而导致大量落果。

第四次：在果实迅速发育期（8月上中旬），此期氮、磷、钾配合施用，以促进果实膨大和糖分积累，提高枣果实品质。

目前枣树追肥用量的确定是靠丰产园的施肥经验。在肥力较差的土壤，对于成龄大树，萌芽前每株追施尿素0.5 ~ 1.0千克、过磷酸钙1.0 ~ 1.5千克，开花前追施磷酸二铵1.0 ~ 1.5千克、硫酸钾0.5 ~ 0.75千克，幼果生长发育期施磷酸二铵0.5 ~ 1.0千克、硫酸钾0.5 ~ 1.0千克，果实迅速膨大期施磷酸二铵0.5 ~ 1.0千克、硫酸钾0.75 ~ 1.0千克。

三、叶面喷肥

叶面喷肥又称根外追肥，从枣树展叶开始，每隔15 ~ 20天喷一次。生长季前期以喷氮为主，果实发育期以磷、钾肥为主，花期喷硼肥。常用肥料及浓度如下：尿素0.3% ~ 0.5%、磷酸二氢钾0.2% ~ 0.3%、过磷酸钙2% ~ 3%、草木灰浸出液4%、硼酸0.03% ~ 0.08%、硼砂0.5% ~ 0.7%、硫酸亚铁0.2% ~ 0.4%、硫酸钾0.5%、硝酸钾0.5% ~ 1.0%。

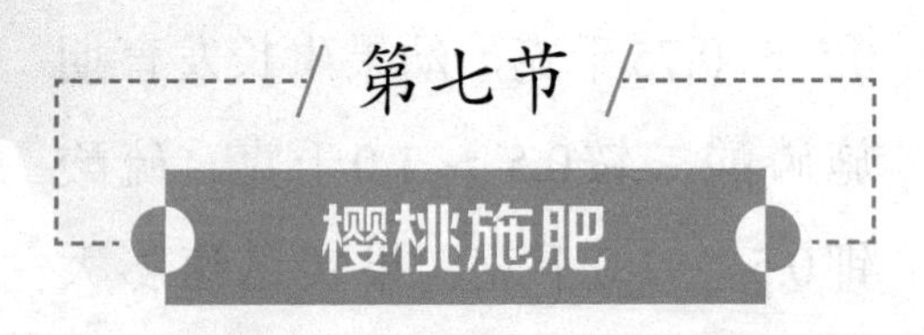

第七节 樱桃施肥

一、不同生长发育时期营养需要

施肥期可分幼树期、初结果期、盛果期、衰老期。

1. 幼树期

幼树需要扩大根系和增加分枝，是长“骨架”阶段，对磷的需要较多，氮、磷、钾肥比例为2 ∶ 2 ∶ 1。

2. 初结果期

初结果期树体处于继续生长阶段，需要增加枝量，促进形成花芽，氮、磷、钾肥的比例为1.5 ∶ 2 ∶ 1。

3. 盛果期

盛果期为了持续高产、稳产，增强树体抗逆性，提高果品质量，氮、磷、钾肥的比例为2 ∶ 1 ∶ 2。

4. 衰老期

衰老树树体进入衰老阶段，重点是恢复树势，抽生新枝，氮、磷、钾肥的比例为2 ∶ 1 ∶ 1。

二、施肥时期

秋季、花前及采收后是甜樱桃

施肥的3个重要时期。

1. 秋施基肥

宜在9～10月间进行，以早施为好，可尽早发挥肥效，有利于树体储藏养分的积累。

2. 花前追肥

樱桃开花坐果期间对营养条件有较高的要求。萌芽、开花需要的是储藏营养，坐果则主要靠当年的营养，因此初花期追施氮肥对促进开花、坐果和枝叶生长都有显著的作用。樱桃盛花期土壤追肥肥效较慢，此期叶面喷肥可有效地提高坐果率，增加产量。

3. 采果后追肥

樱桃采果后10天左右，即开始大量分化花芽，此期施速效肥料特别是复合肥，以促进甜樱桃花芽分化。

4. 叶面喷肥

应该在整个生长季根据需要随时进行。

三、施肥方法

樱桃园施肥包括土壤施肥和叶面喷肥。

1. 土壤施肥

土壤施肥的深度原则上应是甜樱桃根系的集中分布层，一般在40厘米以内，这一土层也是微生物活动最旺盛的土层，肥料施入后易充分发挥作用。施肥过深，细根少，土壤微生物少，透气性差，养分释放慢，根系吸收差，肥料起不到应有的作用；施肥过浅，诱导根系上返，易受旱害、冻害。有机肥可适当深施，以增加深层土的通透性，促使根系下扎。深层土中根系的良好发育有利于增加树体抗旱、抗寒性及植株对土壤天然养分的利用。

（1）秋施基肥

① 施肥时期　秋施基肥一般在8月下旬进行。早秋施基肥正值根系的秋季生长高峰，有利于对养分的吸收，同时伤根也能得到很好的恢复，并有利于多发根，施肥当年就能发挥肥效，增加越冬前的营养储备。

② 秋施的基肥种类　有腐熟发酵的猪粪、牛粪、马粪及鸡粪和适量的氮、磷、钾复合肥。

③ 施肥量　一般幼树每株施猪粪30～40千克，鸡粪10千克，饼肥2.0～2.5千克，复合肥0.5～1.0千克；盛果期树每株施猪粪100千克，鸡粪40～50千克，饼肥4～5千克，复合肥1.0～1.5

千克。

（2）追肥

① 追肥时期　追肥分4个时期，即花前追肥、幼果膨大期追肥、采果后追肥和落叶后追肥。

② 追肥量　尿素每次施用量，幼树每株0.2～0.3千克，盛果期树每株0.5～1.0千克；过磷酸钙每次施用量，幼树每株0.3～0.5千克，盛果期树每株1.0～2.0千克；果树专用肥或三元复合肥每次施用量，幼树每株0.5～1.0千克，盛果期树每株1.0～1.5千克。

2. 叶面喷肥

（1）作用

① 叶面喷肥主要是通过叶片上的气孔进行吸收，运送到树体的各个器官。樱桃叶片大而密集，极适合进行叶面喷肥。

② 叶面喷肥肥效发挥快，有些养分喷后15分钟即可进入叶片，而且肥料进入叶片后可以均衡分配，不受生长旺盛部位调运影响，有利于缓和树势。叶面喷肥可使生长弱势部位促壮，尤其对提高短枝功能作用巨大。

（2）方法

① 喷肥时，一定要把药液喷在叶背面。

② 喷肥时间最好在上午10时以前或下午4时以后，避免在中午高温时喷肥，以免发生肥害。

③ 一般根外追肥每年进行3～4次，落花后至采收前，结合打药一起进行；前期喷布1000倍活力素加0.3%尿素混合液，或喷布氨基酸叶面肥800倍液，后期喷布1000倍活力素加0.3%磷酸二氢

钾混合液，或喷布氨基酸叶面肥800倍液。

④ 叶面喷肥效果可持续10～15天，叶面喷肥应每10～15天一次。

四、不同树龄施肥技术

1. 幼树期施肥

为了使苗木定植后的头1～2年内树体生长健旺，生长季节有后劲，最好在苗木定植前株施少量腐熟鸡粪，与土拌匀，然后覆一层表土再定植苗木，或定植前株施0.5千克复合肥，或定植前全园撒施每667平方米5000千克的腐熟鸡粪或土杂粪，深翻后再定植苗木。5月份以后要追施速效性肥料，结合灌水，少施勤施，防止肥料烧根。

为促进枝条快速生长，不能只追氮肥。虽然甜樱桃对磷的需求量远低于氮、钾，但适量补充磷肥，有利于枝条充实健壮。一般采用磷酸二铵+尿素的方式追肥，每次株施“二铵+尿素”0.15～0.2千克。

2. 结果树施肥

9月份施基肥以有机肥为主，配合适量化肥。每666.7平方米施土杂粪5000千克+复合肥100千克，撒施后再深翻。

盛花末期追施氮肥，株施碳铵1.5～2千克，结合浇水撒施。

硬核后的果实迅速膨大期至采收以前，结合灌水，撒施碳铵0.5千克/株两次。

采果后，放射状沟施有机肥30千克/株或甜樱桃专用肥5千克或复合肥1.5～2千克/株。由于采果时间比较早，为了控制生长、积累营养，在土壤较湿润时可以干施。

从初花到果实采收前喷施叶面肥，间隔时间7～10天，早中熟品种7天、晚熟品种10天。

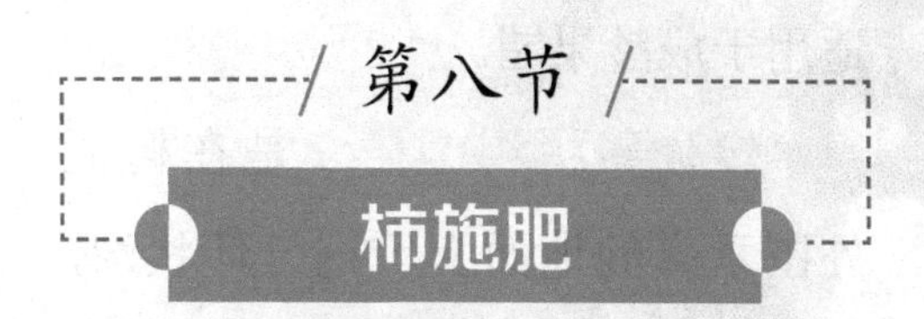

第八节 柿施肥

一、基肥

柿树基肥一般在采果前后（9～12月）结合深翻或秋耕施入。有条件的宜在采果前施，此时根系尚处生长期，叶片有光合能力，早施基肥根系伤口愈合能力强，可促进叶片光合作用，有利于冬前树体养分积累。基肥以堆肥、腐熟发酵的畜禽粪便等有机肥为主，掺入少量化肥。

基肥施肥方法有环状沟施、条沟施、放射状沟施，也可2～3年进行一次全园撒施。

（1）全园施肥　将肥料均匀撒于地面，然后翻入土中深20厘米，适用于成龄果园。

（2）环状沟施肥　是在树冠外围垂直的地面上，挖一环状沟，深、宽各30～60厘米，施肥后覆土踏实。来年再施肥时可在第一年施肥沟的外侧再挖沟施肥，以逐年扩大施肥范围。

（3）放射状沟施　放射状施肥是在距树木一定距离处，以树干为中心，向树冠外围挖4～8条放射状直沟，沟深、宽各50厘米，沟长与树冠相齐，肥料施在沟内，第二年在没有施过肥的位置挖沟施肥。

（4）条状沟施肥　行间或株间开沟，长100厘米、宽30～40厘米、深度40厘米，将有机肥和土混匀后填回沟内。

二、追肥

追肥一年要进行多次。根据树体生长和结果情况，在枝叶停长至开花前、生理落果高峰后、果实第一次迅速膨大期及果实着色前追肥2～3次。追肥以化肥为主，前期常施氮肥，后期施磷、钾肥。追肥多采用放射沟施或穴施。

三、根外追肥

一般在花期及生理落果期每隔半月喷一次0.3%～0.5%尿素液，生长季后期可喷0.3%～0.5%的磷酸二氢钾或过磷酸钙浸出液，也可喷0.5%～1.0%的硫酸钾或氯化钾。根外追肥应尽量与喷药结合进行，以节省劳力。

参考文献

[1] 张玉星．果树栽培学各论·北方本．北京：中国农业出版社，2003．
[2] 韩振海等．果树营养诊断与科学施肥．北京：科学出版社，1997．
[3] 陈敬谊．苹果（梨、桃、枣等）优质丰产栽培实用技术．北京：化学工业出版社，2016．